"十四五"普通高等教育本科部委级规划教材
设计师手稿系列

童装 款式设计与案例表现1300例

董怡　田琼◎著

中国纺织出版社有限公司

内 容 提 要

本书以童装款式设计为研究重点，在基于各年龄阶段儿童不同生理和心理特征的前提下，以服装款式实例阐述了童装款式设计中的基本美学原则及基本设计方法，书中附有大量具有代表性的精美童装款式图和效果图，囊括了爬爬服、背心、T恤、衬衫、夹克、风衣、大衣、填充式外套、半裙、连身裙、背带裙、裤、背带裤13种童装主要款式类别。

全书图文并茂，内容针对性强，不仅可用于高等院校服装专业学生和服装设计爱好者的设计学习，也可用于款式图和效果图的绘制参考。

图书在版编目（CIP）数据

童装款式设计与案例表现1300例/董怡，田琼著
. --北京：中国纺织出版社有限公司，2021.1

"十四五"普通高等教育本科部委级规划教材. 设计师手稿系列

ISBN 978-7-5180-7554-6

Ⅰ. ①童… Ⅱ. ①董… ②田… Ⅲ. ①童服—服装设计—高等学校—教材 Ⅳ. ①TS941.716

中国版本图书馆CIP数据核字（2020）第211440号

责任编辑：李春奕　特约编辑：籍　博　责任校对：江思飞
责任设计：何　建　责任印刷：王艳丽

中国纺织出版社有限公司出版发行
地址：北京市朝阳区百子湾东里A407号楼　邮政编码：100124
销售电话：010—67004422　传真：010—87155801
http://www.c-textilep.com
中国纺织出版社天猫旗舰店
官方微博http://weibo.com/2119887771
北京通天印刷有限责任公司印刷　各地新华书店经销
2021年1月第1版第1次印刷
开本：787×1092　1/16　印张：11.25
字数：130千字　定价：49.80元

目 录
CONTENTS

第一章

PART 1

各年龄阶段儿童生理和心理
特征与服装款式的关系

　　童装是服装重要的类别之一。儿童是相对特殊的群体，儿童各个阶段的生理和心理特征，是童装款式设计的重要依据。服装既是儿童的生活必需品，也是儿童在不同成长阶段中生理和心理诉求的外在体现。

一、各年龄阶段儿童生理和心理特征

　　人从出生到16周岁之间属于儿童时期，是人一生中生长发育最快，体型变化最大的阶段。根据儿童生理和心智发育特征，将儿童划分为5个年龄阶段。

（一）婴儿期

　　从出生到12个月末的这一年龄阶段为婴儿期。是儿童身体最娇弱且发育最快的时期。孩子出生时一般体长为50~60cm，体重为3~4kg。体型特征为头大身体小，四肢短胖，肚子圆鼓，腿部向内侧呈弯曲状，头围与胸围接近。出生后的2~3个月内，身长可增加10cm，体重则成倍增长。到一周岁时，身长约增加1.5倍，体重约增加3倍。在此期间，婴儿的活动技能逐渐增强，能够通过五官和四肢表达一定的情感和意愿，对色彩和形态充满了好奇。这一时期的儿童，大部分时间是在睡眠，发汗多，排泄次数多，皮肤细嫩，不能独立行走，完全不具备独立生活能力。

（二）幼儿期

　　1~3岁为幼儿期。儿童从婴儿期发育到幼儿期，无论是生理还是心理的发育都非常明显，各方面的发育和发展迅速。体型特征是头部大，身高约为头长的4~4.5倍，脖子短而粗，四肢短胖，肚子滚圆，身体前挺。男女幼儿基本没有太大的体型差别。此时幼儿开始学走路、说话，对一切充满了好奇，活泼好动，有一定的模仿能力，能简单认识事物，对于醒目的色彩极为注意，游戏是其主要的活动。这个时期是幼儿心理发育的启蒙时期，此时幼儿的语言、思维和应人应物的能力增强，但识别危险及行为控制能力都较差，故应注意防止意外伤害的发生。

（三）学龄前期

儿童从3~6周岁这一年龄阶段为学龄前期，也称小童期。学龄前期儿童身体高度增长较快，围度增长较慢，身高约有5~6个头长，体型依然显现出挺腰、凸肚、窄肩、四肢短和三围尺寸差距不大的特点。这个时期的儿童智力、体力发展都很快，能自如地跑跳，具备一定的语言表达能力，个性倾向逐渐凸显。此期小儿体格发育较前期速度减慢，但求知欲强，可塑性也强，是培养良好习惯的重要时期，男孩和女孩在性格和爱好上有一定的差异。

（四）学龄期

学龄期是指儿童从6~12周岁这一年龄阶段，也称中童期。此期的儿童生长速度减慢，体型变得匀称，凸肚体型逐渐消失，手脚增大，身高为头长的6~6.5倍，腰身显露，臀腿变长。男女体格的差异日益明显，女孩子在这个时期开始出现胸围和腰围差，即腰围比胸围细。此阶段是孩子运动机能和智能发展显著的时期，孩子逐渐脱离了幼稚感，有一定的想象力和判断力，但尚未形成独立的观点。儿童进入学龄初期的重大变化是把以游戏为主的生活方式转变为以学习为主，此阶段的孩子活泼好动，但有一定的约束力了，对事物有审视美的能力，对服装穿着有自己的看法和要求。

（五）少年期

13~16周岁为少年期，也称大童期，是儿童体型逐渐成人化，及其思想转变的重要时期。此时期儿童体型变化很快，是又一快速生长发育的阶段。少年期儿童的身长约为7~8个头长，男女生的性别特征明显。女孩子胸部和臀部开始变得丰满，盆骨增宽，四肢细长而富有弹性，腰节明显且较为纤细。男生肩部变平变宽，臀部相对窄，手脚变大，身高、围度以及体重增加迅速，但和成人比较，体型在宽度和厚度上还较单薄。处于少年期的儿童，心理和生理发育变化显著，他们大多情绪不够稳定，易冲动，喜欢模仿和追逐流行，善于表达和展示自我，受外界影响较大。

二、各年龄阶段童装款式的特征

（一）婴儿期

由于婴儿大部分时间处于睡眠中，且生活完全不能自理，对大部分事物没有自主意识，所以这一时期的童装特别注重舒适性、安全性和实用性。款式尽量简洁、平整、光滑，其中宽松廓型有利于保护儿童稚嫩的皮肤和柔软的骨骼；上下连体式设计能很好地减少缝缝，使服装更加平整光滑；无领或交叉领等领窝较低的领型可以方便儿童颈部活动；设计中宜采用开门襟或斜襟，应避免采用套头的款式，以免造成穿脱不便；服装连接件可采用襻带、纽结等形式，以避免粗硬的纽扣、拉链等辅材划伤他们稚嫩的肌肤。总之，这个时期的童装款式一般没有明显的男女之分，且因为对功能性的高要求使得款式变化较受局限，故设计重点可放在色彩及图案等方面。

（二）幼儿期

幼儿期的儿童生长迅速，体型变化较快，各方面的能力增强，这个时期童装设计中要在充分考虑其舒适性、安全性的基础上，适当加入带有明显性别特征的设计元素，同时通过对色彩、图案以及花边、嵌条、镶边、刺绣、拼接等丰富的工艺手法的运用，强化童装的趣味性和活泼感。

（三）学龄前期

学龄前期儿童一般已经具备穿脱衣、吃饭等生活自理能力，自我意识和审美意识开始形成，性别差异逐渐显现。这是一个童装款式丰富多彩的时期，服装风格多样化，装饰感极为突出，如在款式设计中采用小熊、小鸡等动物仿生立体造型来体现儿童天真和富于幻想的特质，如在图案设计中采用能够引起儿童关注的卡通形象，比如在童装中加入成人装的流行元素，形成一种独立的成人化风格等。在这个阶段，女童服装设计时，花边、缎带、珠贝、刺绣、贴布绣等装饰元素较为常见；而男童服装的造型则较为简洁，设计要点多体现在色彩和图案的形式美上，这个时期男女童装设计上明显的差异性，也是男女儿童性别意识形成的主要影响因素之一。

（四）学龄期

从生理上来讲，这一时期男女体型的差异日益明显，女孩儿开始出现胸腰差；从心理上讲，儿童逐渐脱离了幼稚感，对服装款式及风格有了自己的判断和偏好，但尚未形成个性。所以，这一时期服装既要符合他们学习及体育运动的需要，也要充分考虑这个年龄段儿童生长发育的特点和审美偏好。宽松、舒适的运动休闲风格，朝气蓬勃的学院风格都是比较适合的，应避免烦琐的装饰、复杂的结构及穿脱方式。

（五）少年期

青少年时期，儿童在生理和心理上开始接近成年人，拥有较强的个性和自己独特的服装喜好，这个时期少年的服装接近成人服装，可根据服装的设计风格和流行元素做自由变化。

第二章

PART 2

童装款式设计概述

　　童装款式设计是对童装的外造型和内部细节的设计，廓型是服装的外造型，是服装剪影式的大轮廓，是让人一目了然的服装大框架。细节设计是服装的内部结构设计，包括组成服装的主要部件设计，如领、门襟、口袋、肩襻等设计，也包括分割服装的各种线条设计，如分割线以及服装中的各种装饰工艺等。

　　童装的款式设计要以儿童各个时期的体型研究为前提，款式既要满足孩子身体的活动需要，也要体现儿童天真烂漫的年龄特征。款式造型美和适度的空间感是童装款式设计的关键。

一、廓型设计

　　服装廓型变化的依据来自肩线、腰线和臀线的不同形态的组合，这些不同形态的组合使服装呈现出长、短、松、紧、曲、直、软、硬等造型的变化，它在一定程度上反映了穿着者的个性及着装风格。童装的廓型与成人装相比，其最大的特点是廓型变化首先服从于儿童的生理特点、服装的安全性及实用性，其次才是造型美的需要。童装廓型的分类方法很多，常见的有字母型、几何形和物象形，其中用与廓型象形的英文字母来代表不同廓型特征的字母型最为常用，主要有A型、O型、H型、X型。

（一）A型

　　A型是最基础和常用的廓型，造型中服装收缩肩线、放宽底摆线，腰部宽松自然，视觉上呈现出上小下大的梯形状。这种廓型很适合儿童肩窄腹凸的体形特征，具有活泼、可爱的美感，并能起到掩饰腹部、腰部、臀部缺陷的作用。童装中斗篷式披风、喇叭式连衣裙等都是上半身贴身而下摆外张的A型廓型，它是童装中常用的造型样式（图2-1）。

图2-1 A型童装

(二) O型

O型呈椭圆形外观。这种廓型的特征是上下小，中间大，肩部、腰部以及下摆处没有明显的棱角，特别是腰部线条松弛，不收腰，整个外形比较饱满、圆润。这种造型体积感强，穿着舒适，是一种极具趣味的样式。应用该廓型的童装品类涵盖了短裤、外套、衬衫、裤等，其中婴儿及4~6岁儿童的服装多采用这种廓型（图2-2）。

图2-2 O型童装

(三) H型

H型特征是肩宽、腰围、底摆等的宽度基本持平，整体上呈现长方形轮廓。H型服装具有修长、简约、宽松、舒适的特点，它不仅具有简洁、朴实的美感，而且可以掩盖儿童腰粗、腹凸等体型缺陷，因此，H型在童装的休闲品类服装中应用广泛，如直身外套、筒形大衣、直筒裤、直身连衣裙、直筒背心裙等（图2-3）。

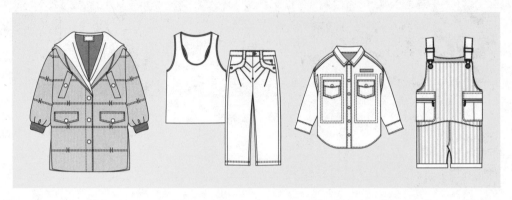

图2-3 H型童装

（四）X型

X型拥有柔和、优雅以及女性化的外观，其造型特点是根据人的体形塑造出稍宽的肩部、收紧的腰部以及扩放的底摆外观。X型轮廓自然起伏，勾勒出少女优美的体型曲线，因而该廓型在偏成人化的女童装中应用较多，品类有小外套、大衣、风衣、连衣裙等（图2-4）。

图2-4 X型童装

在以字母划分的廓型分类中，除了常见的这四种形态之外，还有V型、Y型等。总之，每一种廓型都有其各自的风格特征和倾向，设计师应根据童装的风格及适用年龄适当地选取某一种廓型或几种廓型进行搭配组合，如H型与A型搭配、H型与O型搭配等，使童装呈现出丰富多变的外观。

二、细节设计

在童装的整体造型中，如果说廓型设计是视觉的第一印象、是剪影，那么局部细节设计则是设计的眼，是让人们视线长久停留并关注的关键所在，因此，童装的细节设计是不容忽视的设计重点。

（一）领型设计

童装的领型设计与成人装领型设计相比，除了外形美观之外，领型的造型要着重考虑到儿童的生理特点和体形特征，领型的实用性和功能性居于首位。根据童装领型的结构特征，主要可分为无领、立领、翻领、平贴领、驳领、复合领等（图2-5）。

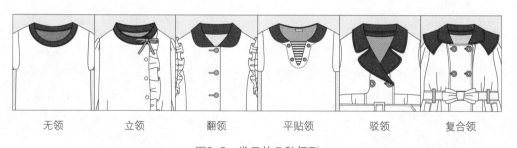

| 无领 | 立领 | 翻领 | 平贴领 | 驳领 | 复合领 |

图2-5 常见的几种领型

1.无领

无领是一种没有领座和领面，仅用领圈线装饰的领型，其领口的线型就是领型。

因儿童的头部较大，脖子相对较短，肩比较窄，所以无领在童装领型设计中极为普遍，它具有轻便、简洁、随意的特征。

无领的设计在于领圈线的造型、装饰手法及工艺处理等方面。领圈线的形状是无领造型设计的要点，领圈线可以紧贴颈部设计，形成最基本的圆形领，也可沿颈部做造型变化，则可形成V形领、方形领、U形领、一字领、花瓣领等。

2. 立领

立领是指只有领座，没有翻领部分的一类领型。为了穿脱方便，立领一般从正面开口，但为使服装正面造型更加整体，也可侧开和后开。立领的外边缘形状变化丰富，可以为直线、弧线、折线等多种线性，形态也可有褶皱形、层叠形等。设计师可根据风格需要选择适合服装整体风格的立领外观，如简约风格可选择直线形，甜美风格则可选择波浪形、褶皱形或层叠形。另外，立领的边缘线还可以通过不同的工艺手法来进行装饰，如嵌条、绲边或飞边等，使服装风格更为鲜明。

从结构上来讲，立领是依照人体颈部特征而设计，且会与肩部、胸部的人体形态发生关联，所以对适体度要求较高，因而也会对颈部产生一定的束缚感，限制脖子的自由活动，所以立领设计一般不应用于低龄儿童服装，而多用于大童装中的学生装、针织外套、夹克等品类。此外，立领还可以与独立的帽子组合，此种方式在休闲运动风格的童装中被广泛采用。另外需要强调的是，为了保障服装的安全性，除造型的强制需要外，立领的领圈线设计一般应大于儿童的颈圈线。

3. 翻领

翻领是在立领的基础上，加入领面部分而形成的一种领型，具有圆顺、丰满、活泼、大方的风格特征。翻领的设计较为灵活，领座的高度、领面的宽度、领面的外围形状以及领角的大小等都可以根据设计需要加以变化，且可以辅以镂空、刺绣、嵌条、抽褶、绲边等装饰工艺来强化服装风格。翻领在男女童装中都有广泛的应用，可见于各个年龄层次的儿童衬衣、夹克、连衣裙、外套、风衣、大衣等品类中。

4. 平贴领

平贴领也叫平坦领、趴领、娃娃领，是指只有领面而没有领座的一类领型，该领型领面部分平坦，紧贴于肩部或前胸。平贴领造型变化空间很大，设计师可根据服装整体风格进行自由变化，除了领面的宽窄及外形线的造型变化之外，设计师还可以加入边饰、蝴蝶结、丝带等，也可将领面处理成双层甚至多层来增加领子的层次感和体积感。平贴领非常适合儿童颈部较短的身体特点，因而被广泛应用在低、中年龄段的童装品类中。

5. 驳领

严格地讲，驳领也是翻领的一种，但是驳领多了一个与衣片相连的驳头，故又异于通常意义上的翻领，所以从设计的角度，人们也常常把驳领单独归为一种领型。驳领的形状由领座、翻折线和驳头三部分组成，驳头是指衣片上向外翻折出的部分，驳头长短、宽窄、方向都可以变化，例如，驳头向上为戗驳领，向下则为平驳领。此外，驳头与驳领接口的位置、驳领止口线的位置等对领型也会有较大的影响，小驳领则优雅秀气，大驳领则较为粗犷。驳领一般用于男童的服装中，另外在一些中性风格的女童外套、风衣、大衣中也有采用。

6. 复合领

复合领是指将不同领型进行组合设计，从而构成一种别具一格的新领型。这种领型一般具有新奇的外观和独特的设计感，是设计师表达创意和个性的有效手段。这种领型的设计没有固定的形式制约，设计手法自由，变化形式多样，往往能成为设计的中心、视觉的焦点。

（二）门襟设计

门襟在款式造型中是实用部件，可以起到方便服装穿脱的作用，又是装饰部件，属于服装造型中的分割线设计，因此，它的布局和造型对服装的整体风格具有较大的影响。

门襟设计要点主要为门襟的开启长短、位置、开合方式和外观效果，其中按长短主要可分为半开式门襟和开敞式门襟（图2-6）；按开襟位置主要可分为正开襟、偏开襟、侧肩开襟及后开襟（图2-7）；按开合方式主要可分为纽扣扣系、扣襻扣系、拉链开合等；按外观效果可分为明开襟和暗开襟。因领与门襟相连，童装中门襟的设计往往将其和领型设计一同考虑，从而通过它引导观者的视线流动，体现服装整体的均衡感。

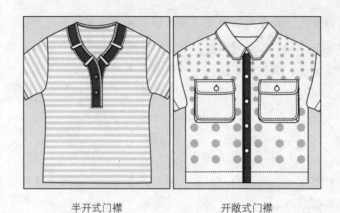

半开式门襟   开敞式门襟

图2-6　门襟按照长短进行分类

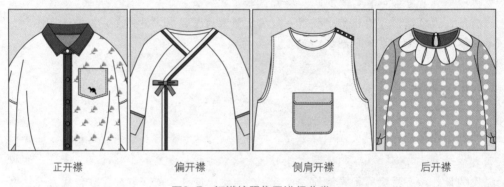

正开襟   偏开襟   侧肩开襟   后开襟

图2-7　门襟按照位置进行分类

（三）袖设计

　　袖通常指包裹手臂的服装部分。上肢是人体活动最为频繁、活动幅度最大的部分，上肢和肩部紧密相连，因此针对覆盖于该人体区域的袖进行设计时就需要特别注意功能性问题，尤其是连接袖子和衣身的肩和腋下部分，设计不合理，就会妨碍人体运动。相对成人而言，儿童更加活泼喜动，因此童装的肩袖设计中，除了需考虑肩袖部分外观形态的美观，与服装的整体风格相协调外，更需注重其装饰性和功能性的统一。

　　按袖与衣身的组合关系，袖分为自带袖和装袖。

　　自带袖，即由衣身上直接延伸下来的，没有经过单独裁剪的袖型。自带袖是起源最早的袖型，按其结构特征可分为平连袖和斜连袖两种。与装袖相比，其显著特征是肩袖线条流畅、柔美，穿着宽松舒适、易于活动，而且工艺简单。连袖多用于运动休闲风格的童装设计中，如儿童的练功服、起居服、睡衣、运动服等。

装袖是袖片与衣片各自独立成片，后期需通过缝合连接的袖子，是应用最广泛的袖子。装袖可根据衣袖与衣身的连接位置不同，分为普通装袖、插肩袖和落肩袖。普通装袖和衣身缝合线上端位于人体肩点附近，它是三种连接方式中与人体自然结构区间最为吻合的，其在童装中应用广泛；插肩袖与衣身缝合点上端通常位于领圈线或肩线上。通常把延长至领圈线的叫作全插肩袖，把延长至肩线的叫作半插肩袖，插肩袖多用在男童的运动服、夹克、风衣、外套、牛仔装的设计中；落肩袖与衣身的缝合点上端则低于正常的人体肩点，肩部线条根据人体形态自然下落，该袖一般与宽松的衣身形态搭配，多用于休闲、运动风格的童装中。（图2-8）

从设计的角度出发，可以依照袖的部位名称将其分为袖山设计、袖身设计及袖口设计三部分。

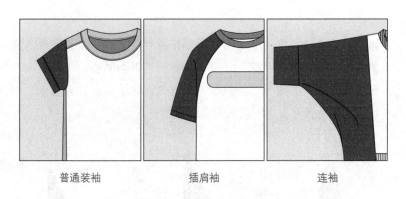

普通装袖　　　　　　插肩袖　　　　　　连袖

图2-8　常见的几种袖与衣身的组合方式

1. 袖山设计

袖山一般指袖子顶端和衣身连接的部分。袖山纵轴的高低会直接影响穿着的舒适度和袖子的外观效果。一般来说，在袖窿线长度不变的情况下，低袖山能带来更舒适的穿着感受，与之匹配的是宽大舒适的袖身，因而多用于休闲运动类童装；而高袖山则更能塑造出符合人体形态的合体袖型，因而多用于相对正式和成人化的童装。而在袖窿长度不变的条件下，如加大袖山弧线的长度和形态，并通过抽褶等工艺，则可塑造出泡泡袖、羊腿袖、灯笼袖这类符合女童审美特点的甜美、可爱的袖子造型。

2. 袖身设计

根据袖身与人体的贴合程度可将其分为紧身袖、直筒袖及膨体袖（图2-9）。

（1）紧身袖：是指袖身形状紧贴手臂的一类袖型。这类袖型不仅需紧贴手臂的自然形态，还需满足手臂的活动需要。该袖多用于儿童的内衣、毛衫等针织品类服装中，在一些功能性较强的，采用弹性面料的儿童服装中也很常见，如健美服、舞蹈服、练功服等。

（2）直筒袖：是指袖身形状与人的手臂形状较为贴合，外观自然的一种袖型。直筒袖的袖身宽窄适中，既顺应手臂的自然前倾状态，可以满足手臂的活动需要，又不显得烦琐、庞大。直筒袖主要有一片袖和两片袖之分，其中两片袖，由大、小两个袖片缝合而成，也可在袖肘部位采用收褶、拼接或其他工艺处理来达到更合体的形态。直筒袖是经典袖型之一，雅致而正式，在童装设计中，一般用于外套、大衣、风衣及学校制服等品类。

（3）膨体袖：是指袖身膨大宽松、较为夸张的袖型，膨体袖的袖身远离手臂自然形态，人为塑造出一个新的"手臂"外观。膨体袖可以在袖山、袖身及袖口等不同部位膨起，如袖山膨起形成羊腿袖、泡泡袖，袖身及袖口膨起形成灯笼袖。膨体袖造型独特、风格明显，多用于女童服装以及儿童演出服中。

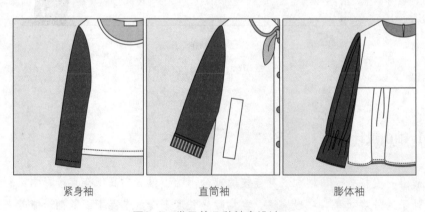

紧身袖　　　　　　　直筒袖　　　　　　　膨体袖

图2-9　常见的几种袖身设计

3. 袖口设计

袖口设计是袖子设计中不容忽视的一部分。袖口虽小，但举手投足之间，袖子都会牵动人的视线。袖口的松紧、形状等对袖子甚至服装整体造型有着重要的影响。此外，袖口也需要具备一些功能性的特征，比如，方便穿脱、防风保暖等。

　　根据袖口的宽度可将袖口分为收紧式袖口和开放式袖口两大类（图2-10）。收紧式袖口指在袖口处收紧的袖型，这类袖口一般需要使用纽扣、襻带、袖开衩或松紧带等将袖口收起，其具有利落、防风、保暖的特点，一般应用于儿童的衬衫、罩衫、卫衣、夹克、羽绒服以及其他秋冬季的服装品类中；开放式袖口指自然散开、呈松散状态的袖口，手臂可以自由出入，具有洒脱、灵活的特点，此类袖口广泛应用于儿童衬衫、T恤等夏季品类以及一些强调夸张外观效果的表演类童装中。

收紧式袖口　　　　　　　　开放式袖口

图2-10　常见的几种袖口设计

　　除此之外，还可根据长短将袖子分为长袖、七分袖、中袖、短袖及无袖，或者从裁剪结构上将其分为一片袖、两片袖及三片袖等。童装的种类繁多，造型变化极其丰富，不同的风格及品类对袖子的造型要求不尽相同，对于设计常规来讲，一般衣身合体的服装较多使用装袖，而衣身肥大宽松的款式则较多使用插肩袖或连身袖。在具体的实践过程中，设计师应根据情况进行灵活设计，通过不同的袖山、袖身及袖口的造型配合袖长的变化，设计出符合整体设计需要的袖子。

（四）口袋设计

　　虽然口袋是服装中较小的零部件，但是在童装设计中，口袋的设计却非常重要，因口袋在童装中不但具有实用功能，而且还具有极强的装饰功能，对整体服装造型具有很好的点缀作用。

　　口袋按其结构和工艺的不同，可分为贴袋、挖袋、缝内袋、复合袋四类。不同的袋形都具有各自的特色，且是服装款式造型的重要组成部分（图2-11）。

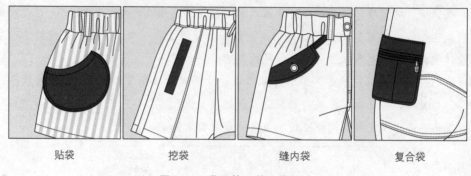

贴袋   挖袋   缝内袋   复合袋

图2-11　常见的几种口袋设计

1. 贴袋

贴袋指先将袋布按照设计要求裁制成袋，直接贴于衣片所需部位，然后缉线固定而成。这种袋形造型多变，可以是规则的几何形、动植物形或者设计感极强的随意形，可配合襻带、刺绣、印花、钉珠、缉褶裥、绲边、飞边等装饰工艺，可设计空间大，工艺简单，在童装中应用最为广泛。

2. 挖袋

挖袋是在衣身上按设计的形状裁开，制成袋口，再将袋口与面料内层的袋布相缝合的一种袋形。其造型简洁、含蓄，易于与服装整体协调，实用的口袋部分隐蔽，多应用于外套、大衣、风衣、裤子等童装中。

3. 缝内袋

是将服装上原有的分割线、拼合线等直接作为袋口的口袋，袋口部分可以完全隐藏于原有线缝中，也可加袋盖进行强调，多用于裤子、大衣、风衣等童装中。

4. 复合袋

是指将贴袋、挖袋、缝内袋等结合起来，构成袋中有袋的复合型。这种袋形强调功能性、设计感和个性化，常用于休闲装、夹克衫、大衣、风衣等童装中。

口袋设计是童装设计的重要组成部分之一，多形式、多变化的袋形可以丰富童装的视觉层次，满足童装的个性化、趣味化需求，但在口袋设计中也需遵循服装风格统一协调的原则，避免太过突兀而破坏童装的整体感。

（五）腰头设计

每个阶段儿童的身体发育情况不同，自理能力也有明显的差异，因而在不同年龄段童装的设计中，裤子、半身裙等的腰头设计也是需要重点考虑的部分。一般来说，童装中的腰头设计主要强调其实用性及安全性，美观则为其次。如婴儿装中要求服装宽松、平坦舒适，因此一般采用无腰线设计，即使有也采用扁平带子扣系的方式，尽可能不使用纽扣、松紧带等不方便穿脱以及可能影响婴儿生长发育的设计，而作为腰部装饰用的一些较为硬、尖的配件更应避免采用，以免婴儿误食或被划伤；幼儿及小童因腹部突出，尽量不采用中腰线设计，以免对其腹部造成束缚，腰头可采用松紧腰、针织罗纹或配合背带的设计，这样既可保证在其进行大幅度运动时，有足够可活动空间，且又不至于滑落；对于已基本具备自理能力的中童和大童而言，其裤、裙的腰头设计可以更为丰富，不论是腰线位置还是腰头形状、装饰，与成年人的腰头设计无太大差别（图2-12）。

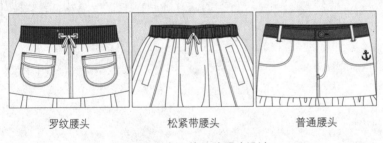

罗纹腰头　　　　　　松紧带腰头　　　　　　普通腰头

图2-12　常见的几种腰头设计

（六）其他设计

童装设计除了需遵循服装基本的实用性、安全性原则，并满足不同时期儿童的生理特点和心理特点这两个核心要素以外，相对成人装的设计，其往往呈现出更加丰富多彩、更加具有装饰感和趣味性的一面。除了以上谈及的主要几种细节设计之外，省道、衣身下摆、脚口等服装其他局部的设计等也是不能忽略的部分。总之，在童装设计的过程中，每个设计细节不仅是独立存在的单元，更是构成整体服装风格的成分之一，设计细节必须为服装整体服务，而服装整体外观风格的塑造依托于每个细节的表达。

第三章

PART 3

童装款式设计的
美学法则

在现实生活中，美没有固定的模式，但是单从形式方面来看待某一事物或某一视觉形象时，人们对于它是美是丑的判断，还是存在着一种基本相通的共识。早在古希腊时期，亚里士多德就提出美的主要形式是秩序、匀称与明确，一个美的事物，它的各部分应有一定的安排，而且它的体积也应有一定的大小。毕达哥拉斯学派认为美是和谐的比例，而王朝闻也在他的《美学概论》中阐述道："通常我们所说的形式美，是指自然事物的一些属性，如色彩、线条、声音等，在一种合规律的联系，如整齐一律、均衡对称、多样统一中所呈现出来的那些可能引起美感的审美特征。"

形式美普遍存在于人类自身、自然界和人工产品（包括艺术）之中，人们将这些美加以分析、提炼及总结，并通过艺术活动加以实践利用，使之贯穿于绘画、雕塑、音乐、舞蹈、戏曲、建筑等众多艺术形式之中，遍布于我们生活的每个角落。这些人们用于创造美的形式，被称为形式美法则，包括对称、均衡、对比、统一、节奏、夸张、强调等内容。服装作为兼顾实用性和审美性的一种人工产品离不开形式美法则，特别是在对儿童审美认知能力有极大影响作用的儿童服装中，形式美法则就更为重要了。

一、对称与均衡

对称与均衡是形式美中一对强调稳定和平衡关系的法则，对称是静态的稳定，而均衡是相对动态的稳定。

（一）对称

对称是指图形或物体的对称轴两侧或中心的四周在大小、形状和排列组合上具有一一对应的关系。对称在结构形式上工整，具有严谨、庄重、安定的特点。

按构成形式来分，对称可分为左右对称、上下对称、斜角对称、反转对称等。按对称的程度来分，可分为完全对称和局部对称。

相对于完全对称的形式，局部对称在童装设计中的运用较多，其既稳定又富于变化的形态符合儿童天真、活泼的个性特点。在很多童装中我们可以看到局部对称的设计，这些设计一般在大面积上采取对称的构成形式，然后通过图案、装饰品、LOGO等打破它的绝对对称形态，从而弱化它过于稳重、成熟的感觉（图3-1）。

图3-1　对称

（二）均衡

均衡是指图形中轴线两侧或中心点的四周的形状、大小等虽不重合，却以变换位置、调整空间、改变面积、改变色彩等求得视觉上、心理上量感的平衡。相对对称而言，均衡除了稳定外，也兼具活泼、生动、富有动感的特点。

从仅仅满足服装功能需求的基本条件上来看，一件服装的基础原型是左右对称的，是稳定而平衡的，所以就服装而言，所谓的均衡是建立在破坏对称和平衡的基础上的，是对视觉、质量或心理上完全平衡的形和物的解构，然后在不平衡基础上建立起新的平衡点。就均衡的构成方式而言，可分为每个部分都不一致而构成的均衡和局部不一致而构成的均衡，其中后一种类用于局部对称。

在具体运用方式上，我们可以通过多种方式改变服装原有的对称形态。例如，通过改变服装某个部位款式的长短、宽窄、面积的大小；通过改变服装色彩的色相、明度、纯度、面积、冷暖；通过装饰工艺的简洁和繁复度的变化；通过服装面料的厚薄、软硬程度，面料图案的差异性等；通过饰品的颜色、位置、大小、形态等（图3-2）。但需要注意的是，这种构成关系上的不对称是基于变化产生的美感，如果这种不对称完全脱离了美这个关键词，脱离了人的心理量感上的平衡，脱离了人基本的身体对称结构，那么这种不对称就不会带来均衡感，反而会带来丑的、混乱的、失衡的、不实用的效果。

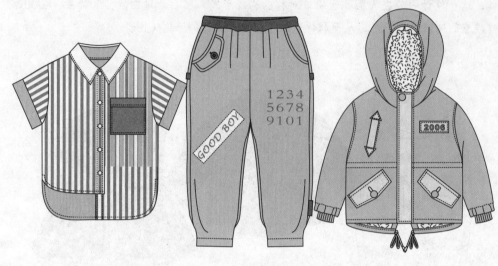

图3-2　均衡

二、节奏

　　节奏本是音乐的术语。指音乐中音与音之间的高低以及间隔长短在连续奏鸣下反映出的感受，通过重复、渐变等方法可形成节奏。在设计构成中，节奏是指某种单一的形态、颜色、工艺等，或某几种形态、某几种颜色、某几种工艺等组合，以一定方式有规律地反复出现（图3-3）。

　　在童装上，节奏的体现形式是多样的，服装上的每个元素都可以形成节奏。节奏使得整个服装层次分明，富有韵律感，其中主要的方式有：

　　（1）在款式上服装局部设计的重复、多层次分割等，如蛋糕裙的层叠设计。

　　（2）整体色彩上的单色重复、多色重复，色相、明度、纯度的颜色渐变等。

　　（3）自身具有节奏感图案的面料的使用，以及不同质感、图案、颜色面料的反复使用。

　　（4）工艺上相同的或不同的手法反复使用，有规律的褶裥处理、多条异色明线的设计等。

　　（5）饰品的反复、规律性出现，如扣子、缎带、珠饰、蝴蝶结、花朵、铆钉等。

图3-3　节奏

三、比例

　　比例是构成任何艺术品的尺度，是指设计中不同大小的部位之间的相互配比关系。不恰当的比例带给人失衡、不安定的感觉，而恰当的比例则带来平衡、协调的美感。

　　在童装设计中，比例是决定服装款式中各部分相互关系的重要因素，包括整体与局部、局部与局部之间的关系，涉及面料、颜色、款式、着装方式、饰品选用等服装的各个方面，例如，服装分割部分的长短比例，上衣和与之搭配的裙子的长度比例，显露于外的内搭服装面积与外搭服装的面积比例，领子和衣身的大小比例……甚至扣子的大小选择都是和比例相关的问题（图3-4）。

　　服装不仅是艺术品，还是具备实用性的商品，它以人体为表现载体，因此在童装设计过程中必须遵循儿童身体的基本比例。在满足其功能性的基础之上，可以通过放大、缩小比例等手法，来突出和强调服装的特点，强化其风格。这里需要特别指出的是，并非所有的比例美都能像黄金比例一样给出一个标准的数值或公式，对比例美的判断需要长时间地学习和训练。

图3-4　比例

四、强调

　　强调以相对集中地突出某个部分为主要目的，它能打破平静、沉闷的气氛，是鲜明、生动、活泼、醒目的点睛之术。

　　在童装设计中，合理地强调服装中的某个元素或部位，可以改变整个设计上四平八稳、平分秋色的布局，突出设计重点，使之成为人们的视觉焦点。

　　服装中的任意一个元素、任意一个位置都可以成为被强调的主体，比如色彩的强调、结构的强调、装饰的强调等。在运用强调这一美学法则时，需在突出重点的同时，注意服装整体的和谐统一，避免强调部分和服装整体的完全脱节和分离（图3-5）。

图3-5 强调

五、夸张

为了达到某种表达效果，对事物的形象、特征、作用、程度等方面有意扩大或缩小的方法叫夸张。在服装设计中，借用夸张这一表现手法，可以取得服装造型的某些特殊的效果，强化其视觉冲击力，带来新鲜感和乐趣（图3-6）。

夸张法则在童装中的运用较多，如在肩、领、袖、下摆等处经常出现的造型的夸张，利用装饰物如蝴蝶结、花朵、徽章等进行夸张，模拟动物效果的服装整体的夸张等。在运用夸张法则时，一定要拿捏好夸张的度，把握好服装整体的造型重点，重点突出、特点突出的同时，达到服装整体的统一、平衡。

图3-6　夸张

六、对比、调和与统一

　　对比和统一是形式美中一对在概念上完全矛盾，在应用中又相辅相成的法则。没有了统一的对比充满了冲突感，让人烦躁不安无法平静，没有了对比的统一平淡无趣让人觉得乏味，而对比和统一之间需要调和作为媒介使之有共存的可能（图3-7）。

（一）对比

　　即两种事物对置时形成的一种直观效果，它是对差异性的强调，是利用多种因素的互比来达到美的体验。对比能增加视觉刺激度，带给人冲突、尖锐、不安的感觉。

　　对比有强对比和弱对比之分。强对比突出对比事物在视觉上和心理上的差异性，使冲突变得更加强烈；弱对比弱化对比事物在视觉上和心理上的差异性，使冲突变得柔和。

图3-7 对比、调和与统一

对比是童装设计中的活跃因子，主要体现在以下几个方面：

（1）款式对比：服装款式的长短、松紧、曲直、动静、凸型与凹型等对比。

（2）色彩对比：在服装色彩的配置中，利用色相、明度、纯度，色彩的形态、面积、位置、空间处理等形成对比关系。

（3）面料对比：指服装面料质感的对比，如粗犷与细腻、硬挺与柔软、沉稳与飘逸、平展与褶皱等。

（4）饰品与服装的对比：对比使童装充满变化，富于个性。

（二）调和

调和是产生于对比和统一之间的一个动词，对比产生差异，调和意味着差异的变化，变化趋向于一致的结果就是统一。调和使相互对立因素的冲突性减弱，使之以一种相对和谐的方式形成一个整体。

（三）统一

统一是指由性质相同或类似的形态要素并置在一起，产生一种一致的或具有一致趋势的感觉的组合。它是对近似性的强调，强调一种无特例、无变化的整体感，它能满足人们对同一性的心理需求，带来安全感的同时，也容易显得单调和呆板。

　　在童装设计中，对比和统一是一个永恒的主题。儿童生理和心理特性决定了在童装设计中我们既要追求款式、色彩、面料的变化，又要防止各因素杂乱无章地堆积在一起；追求对比带来的趣味、刺激，又要尽可能地在矛盾中寻找有秩序的美感和相对平和的、统一的心理感受。

　　在具体的运用中，通过对童装中对立元素的大小、长短、面积、松紧、色彩、质感等元素的调整，采用呼应、穿插、融合、渐变等手法，达到调和的作用，最终达到服装整体效果的统一。

第四章

PART 4

童装单品款式设计实例

一、爬爬服

　　爬爬服是指针对婴幼儿的一种上衣与裤子连为一体的款式相对固定的服装。爬爬服上下相连、造型宽松，对身体有较好的密封性，能满足婴幼儿对安全性和舒适生长空间的需要，因而成为婴幼儿最常穿用的服装。爬爬服大多采用H型和O型的廓型，通常为无领，开襟形式主要为正开襟和偏开襟，也有部分侧肩开襟形式，扣系方式为绳带或四合扣，裤裆和内侧裤缝可以打开，以方便纸尿裤的更换。爬爬服的颜色一般为高明度粉色系，如粉红、粉蓝、粉黄、粉绿等，面料上多辅以色彩淡雅的动物、植物以及卡通图案。爬爬服通常按照月龄进行型号划分，三个月一档，在童装单品中略显特殊。从结构上来说，爬爬服可以仅是衣裤连体，也可扩大覆盖范围与帽、袜、鞋相连。根据款式造型爬爬服主要可分为无袖短裤款、短袖短裤款、短袖长裤款、长袖长裤款和长袖长裤连袜款，根据其厚薄不同，可分为单层爬爬服和填充式爬爬服。

（一）　主要款式及其特点

1. 单层爬爬服

　　单层爬爬服，适合婴幼儿于春夏季或秋冬季作为内衣穿用。主要为圆领连腰的上下贯通款，面料柔软轻薄，具备较好的透气性和吸湿性。

2. 填充式爬爬服

　　此类型爬爬服是在单层面料的基础上采用绗缝或压棉的方式添加了人造棉、丝绵等材料，具有较好的保暖性，适合秋冬季穿用。

（二）　款式设计重点

1. 廓型

　　由于婴儿期儿童具有生长快速，且头大颈脖短，肚子滚圆的体型特征，因此，婴儿爬爬服的廓型以宽松的H型和可爱的O型为主，以不束缚腰部为准。

2.色彩

柔和淡雅的颜色，具象或抽象的小型图案适合婴儿爬爬服，应避免使用大面积强烈和刺激的颜色。

3.面料

安全舒适的棉质针织面料是首选，填充式爬爬服还需注意里层面料的舒适性、透气性、吸湿性和环保性。

4.其他细节

爬爬服的领口设计要有松量，宜选择无领或平坦的领型；裤裆要保证一定深度和宽度，同时满足便于穿脱纸尿裤和婴幼儿自身活动的需求；服装不宜有太多的分割和装饰性设计，整体需简单大方；由于婴儿期和低龄幼儿期的儿童皮肤娇嫩，所以不能使用立体或尖锐的装饰物和辅料，另外也不能选用易脱落的配件，以避免婴幼儿误食。

（三）爬爬服设计案例（图4-1）

图4-1

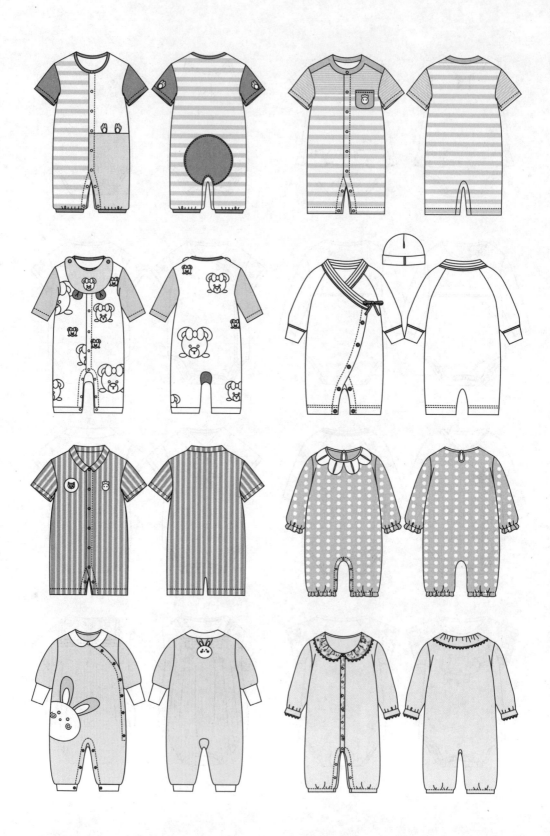

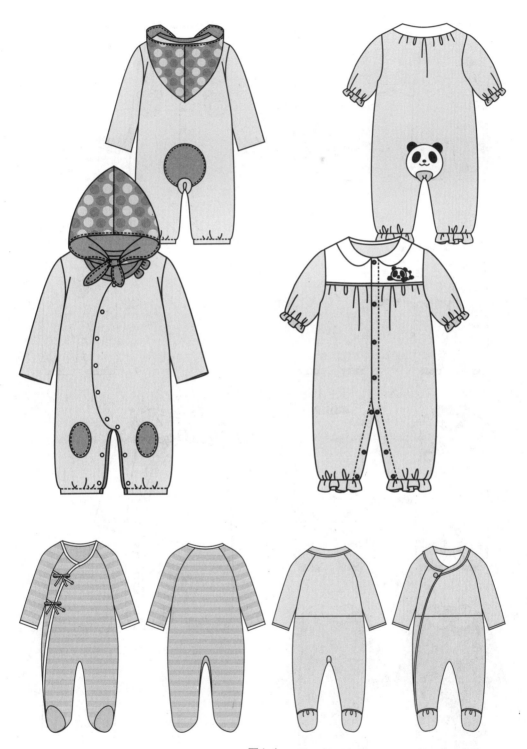

图4-1

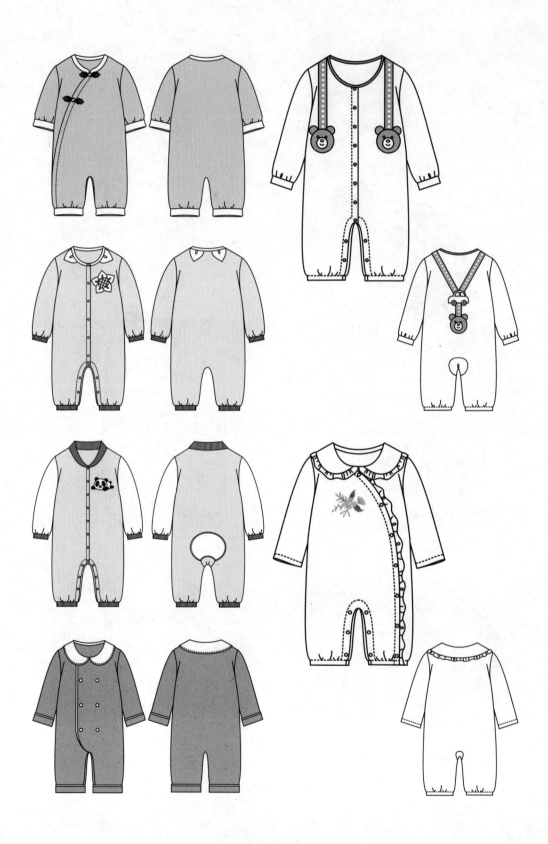

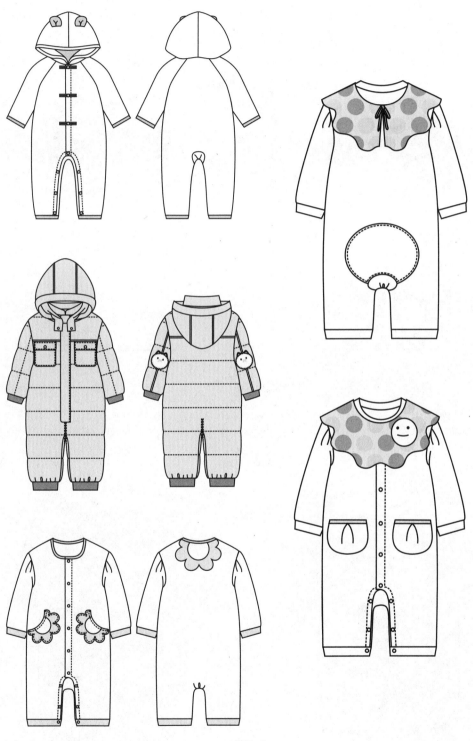

图4-1

图4-1

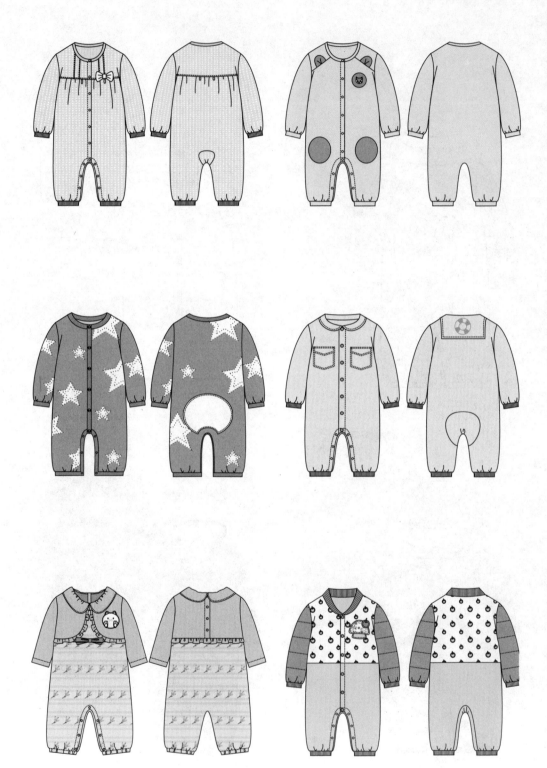

图4-1　爬爬服

二、背心

　　背心是指仅包裹身体前胸和后背的一种服装式样，通常指无袖的上衣，面料可薄亦可厚，是一年四季皆可穿用的服装品类。背心作为一种实用性很强的儿童服装品类，对儿童的躯干部分可以起到一定的保护和保暖的作用，而其无袖的结构也能为儿童上肢的活动提供完全自由的空间。按长度，背心可分为高腰背心、中腰背心和长背心；按厚薄不同，背心可分为单层背心、夹层背心、填充式背心等；按造型特征，背心可分为吊带背心、篮球背心、马夹背心等。

（一） 主要款式及其特点

1.吊带背心

　　儿童吊带背心指肩带比较窄细的背心款式，穿着凉爽，风格多样，在女童夏装中比较常见。

2.篮球背心

　　该款式由男式篮球运动背心演变而来，通常指衣长过臀围线，袖窿开口较低，领口为大圆形领或V领的背心款式，有适体与宽松的式样，风格多为休闲运动，常在幼儿期至青少年期男童的夏季服装中使用。

3.马夹背心

　　马夹原为传统男装三件套中穿着于衬衫和西装中的无袖服装款式，在童装中一般指春秋季趋同于成人服装的一种儿童背心款式。儿童马夹背心一般具有适体的肩宽，面料多为一些质地相对紧密、耐穿耐磨的材质。分割线是马夹背心重要的设计元素，它既是结构的需要也是装饰的需要，如在分割线上辅以异色明线或嵌条则可更加明确其装饰性，进而强化整体风格。此外，儿童马夹背心的口袋和图案也是进行设计时可以重点考虑的元素。

4.其他背心

从广义的角度出发，凡是无袖的服装都可以归属在背心的范畴，如大衣式背心、羽绒背心等。

（二）款式设计重点

1.廓型

儿童背心的廓型主要有H型、A型和O型。H型是儿童背心中应用最为普遍的廓型，其不仅可以满足夏季儿童服用的需要，也因松紧适体而可以用作春秋季的内搭单品，H型廓型在男女童的背心设计中皆可采用；A型一般多见于女童背心的设计，其放大后的喇叭形下摆能表现出女童既活泼又雅致的气质特征；O型廓型多见于低龄段儿童的背心设计，宽松的腰部形态能满足该年龄段儿童生长发育较快的需求及其活泼好动的特性，同时圆润的球状外观也与低龄段儿童天真可爱的气质不谋而合。

2.门襟

在门襟部分的设计中，需根据不同季节儿童对背心的穿脱习惯和不同年龄段儿童的自理能力强弱来综合考虑，如夏季低龄段儿童的背心可以考虑不采用开襟而适当加大开领尺寸的方式，或采用半开襟的方式以方便穿脱；秋冬季的背心设计除针织背心外，梭织类背心则多采用全开襟的形式，以方便儿童随着温度变化而对背心进行穿脱增减。

3.图案

图案是体现背心风格的主要元素之一。各种文字、人物、风景和动植物等图案不仅可以增加服装的趣味性，而且还可在强化不同服装风格的同时培养儿童的审美能力。

4.其他细节

肩部的宽窄和袖窿的深浅变化也是背心设计的重点，一般来说女童背心的肩部宽度较男童的窄，袖窿深度也更符合人体自然结构，但也有为了凸显某些特定风格而不符合上述情况的特例。此外，女童背心的肩部也常常被划分为重点的装饰区域。

（三）背心设计案例（图4-2）

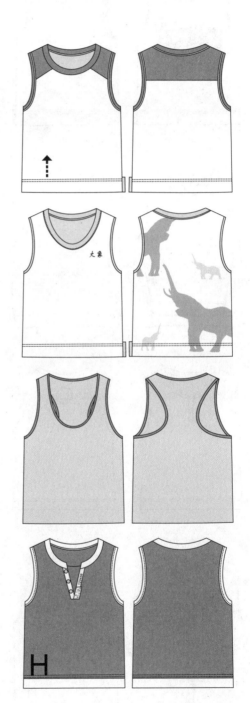

图4-2

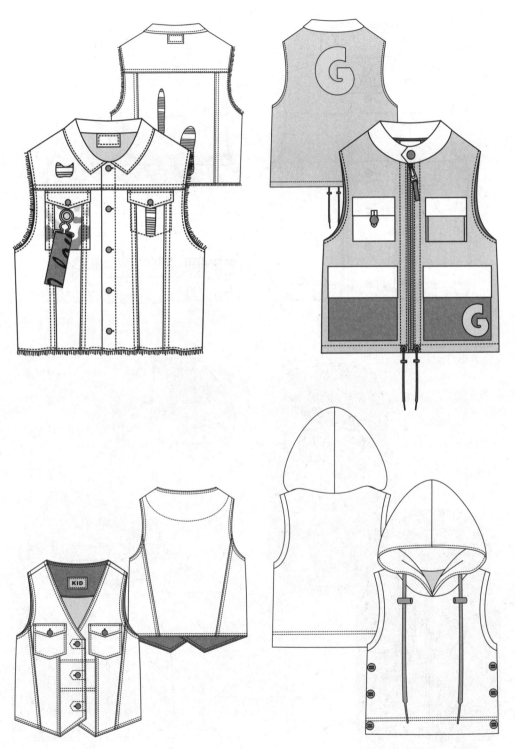

图4-2

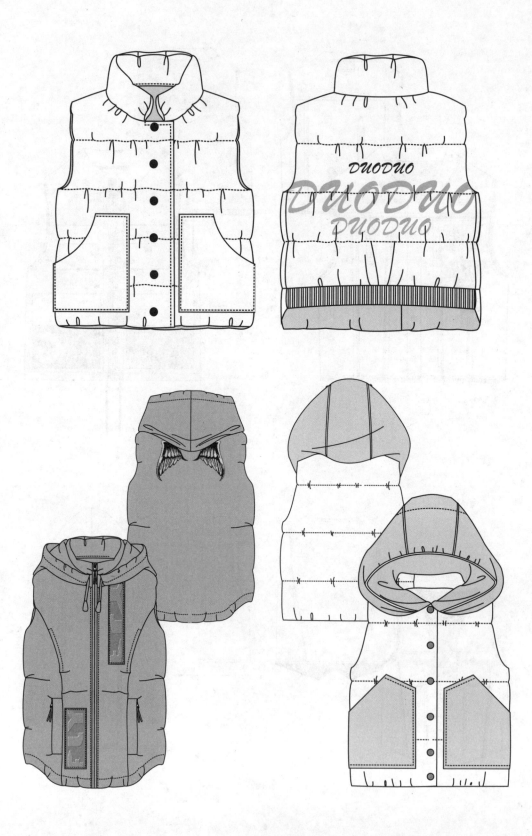

图4-2

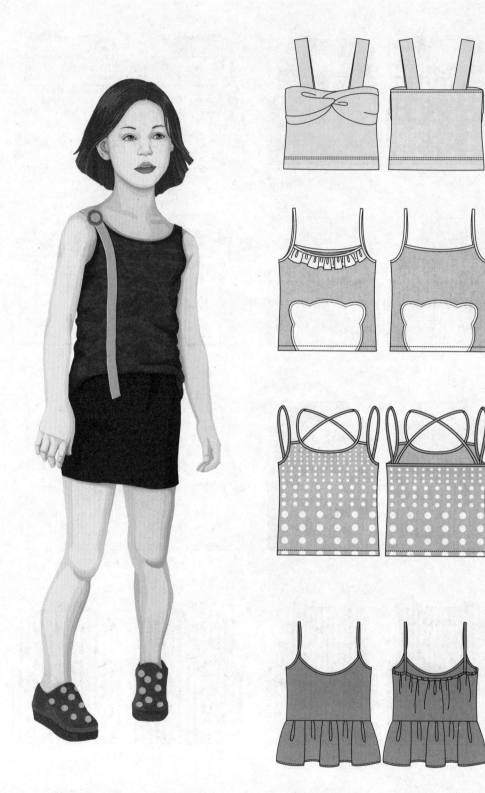

图4-2

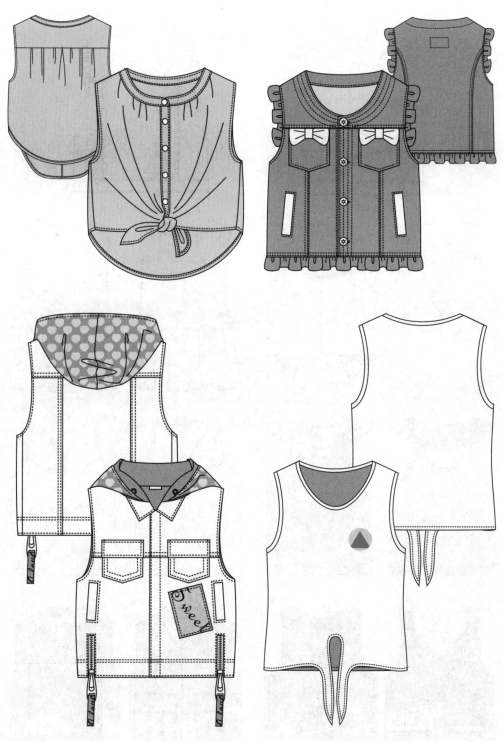

图4-2

图4-2

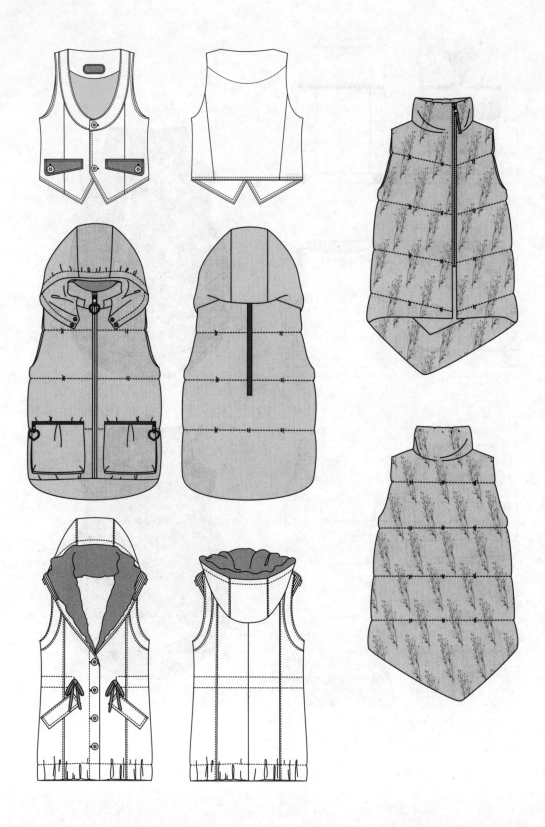

图4-2　背心

三、T恤

　　T恤多指圆机生产的薄型、无领、套头、有袖的针织上衣，它是夏季的主要童装品类之一，面料以纯棉为主，具有透气、吸湿、有一定弹性的特点，穿着舒适，外形大方，深受家长和儿童喜爱。

　　常规的T恤款一般长度过腰、松度适体、圆领、套头、无扣、有袖，衣身多以图案装饰。现在T恤的定义更加宽泛，款式也越发多样化，如有领的POLO衫和春秋季的卫衣也可归于T恤的范畴。

（一）　主要款式及其特点

1. 基本款

　　基本款的T恤是夏季童装中的主要产品之一，指长度过腰、松度适体、有袖、套头、无扣、无口袋、衣领为圆形或者V形，少装饰、少图案的款式。该款式简洁大方，可外穿亦可作为内搭，适合除婴儿期以外各个年龄段的儿童穿着。

2. POLO衫

　　通常指长度过腰、松度适体、方领、半开襟的T恤样式，是偏成人风格的T恤款式。

3. 卫衣

　　面料厚实，多为春秋季穿着。可以是无领、圆领或V领，也可以是连帽领，大身和袖型款式通常和基本款相同，风格更趋随意轻松。

（二）款式设计重点

1. 廓型

男童T恤的廓型一般以H型的基本款为主，变化较少。

女童T恤的廓型除了以适体款和直身宽松款为主打的传统产品廓型外，还可在此基础上演变出具有夸张袖型或夸张肩部处理的T形和V形，或通过调整衣身下摆、腰胸尺寸打造具有可爱气质的A形，俏皮的O形等。

2. 领

T恤除了POLO衫的领形为翻领外，大多为无领。无领的造型简单、基本，所以变化形态也最为丰富，除可根据设计需要变化领口线条外，还可以在设计中加以嵌条、绳带、扣子等配件装饰。

3. 图案

图案是T恤款式设计中极其重要的部分。人物、风景、动物、文字、几何图形等都可以成为T恤的图案元素，其中与儿童生活、学习密切相关的题材更能得到低龄段孩子们的喜爱，如故事中的卡通人物和动物图案等。此外，在设计中除了需考虑图案和T恤整体风格的吻合程度外，还可在图案的工艺形式上加以考虑，如印花、刺绣、拼贴、立体装饰等都可以进一步强化图案的视觉效果，增加其趣味性。

（三） T恤设计案例（图4-3）

图4-3

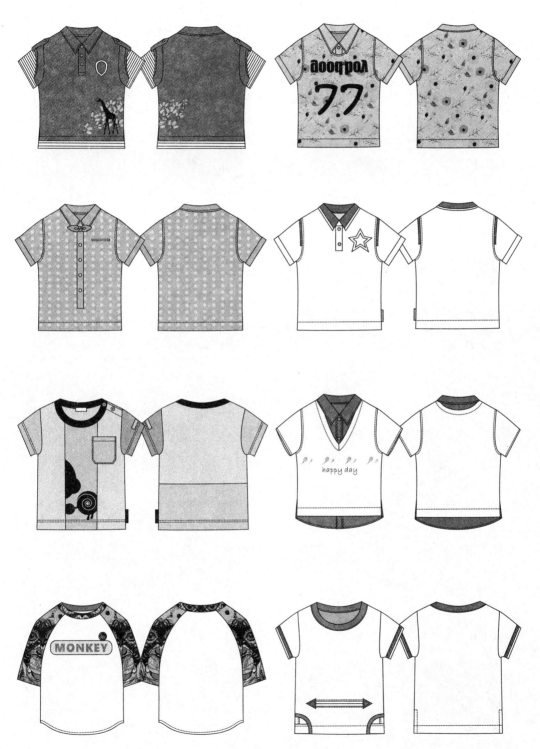

图4-3

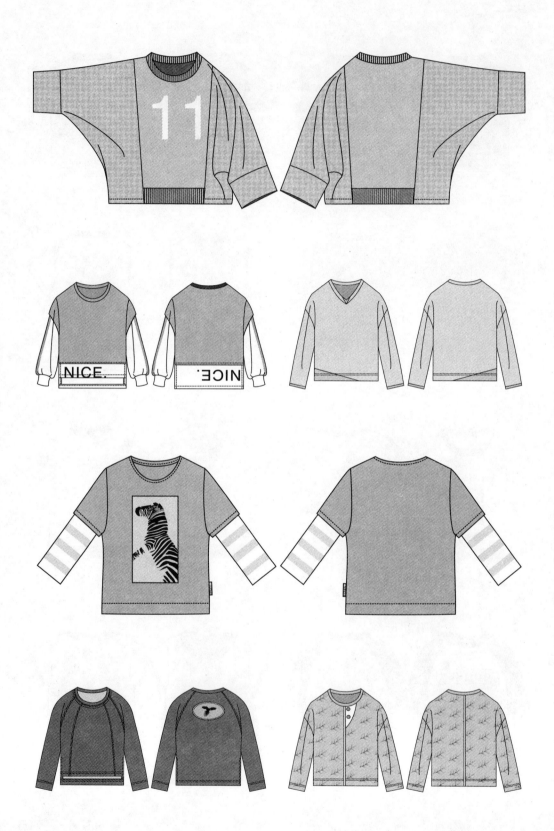

图4-3

图4-3

图4-3

图4-3

图4-3

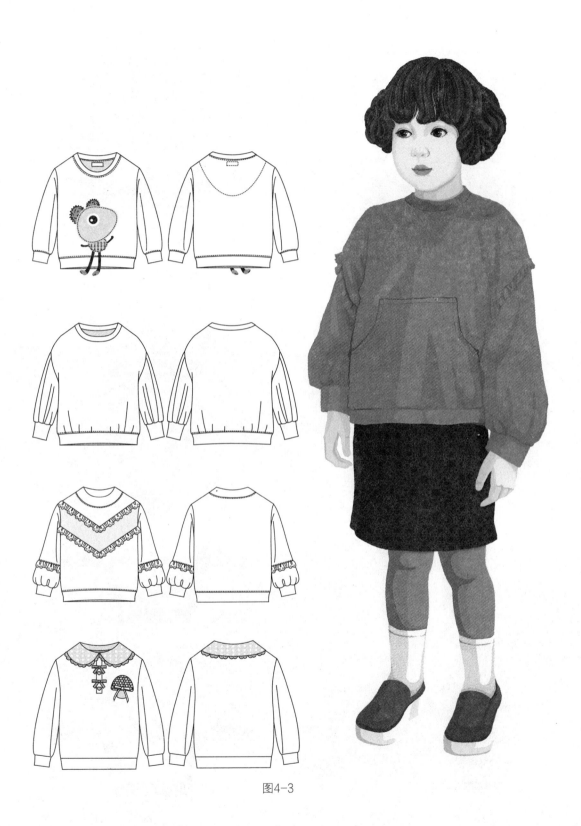

图4-3

图4-3 T恤

四、衬衫

　　衬衫属于上衣大类，但在各类书籍中的具体界定比较模糊，通常它是指质地轻薄、有领、有门襟以及袖口有克夫的梭织服装类型，但也有人将套头式的、无领的梭织上衣称为罩衫式衬衫。

　　衬衫是较为重要的春夏季童装品类 。它实用性强，可以单独穿用也可作为里层服装与外层服装搭配。衬衫按袖的长短分为长袖衬衫、中袖衬衫和短袖衬衫；从风格上分为传统风格、可爱风格、休闲风格等；从选用面料上分为棉质衬衫、丝质衬衫、混纺衬衫等；从图案的运用上分为素色衬衫、条纹衬衫、格纹衬衫、花卉衬衫等。

（一）主要款式及其特点

1.传统风格衬衫

　　传统风格衬衫一般是指儿童在学校以及日常一些庆典场合穿用的一种较为正式的衬衫类型。款式上通常为领座和领面分开裁剪，有由上至下的门襟，袖口处收紧装有克夫，面料以白色或素色为主。这一风格的男童衬衫和女童衬衫在设计细节处理上有一些差异，例如：男童衬衫的廓型为H型，领面多为尖角或方角，胸口有贴袋装饰，常配以领带或领结穿用；女童衬衫的廓型多为收腰的适体形状，领面多为小圆角，门襟和领面边缘可辅以饰带、荷叶边等少量装饰。

2.休闲衬衫

　　休闲衬衫是儿童日常穿着最多的衬衫品种，它是由传统风格衬衫的基本式样演变而来，其整体形态更加宽松随意，设计风格更加多样，服装的各个部分都可以根据风格需要进行变化，在装饰工艺和面料图案上也有更多的设计空间，如采用条纹和格纹图案面料制作的休闲衬衫具有学院气质；印花衬衫可以表现轻松的度假风格；刺绣或扎染、蜡染的衬衫可以凸显民族风情等。

（二）　款式设计重点

1. 廓型

男童衬衫的廓型多为H型，女童衬衫的廓型除了H型和收腰的适体型外，A型也有采用。

2. 领

衬衫的领型除了传统的小方领、小尖领和小圆领以外，一般还有立领、复合领等领型。相比之下男童衬衫的领型固定，变化较少，而女童的领型则有更多在传统款式上的演变，如改变领面的宽窄、外侧线条的形状、领口开口高低等，此外在女童衬衫的领面上还可辅以绣花、钉珠，在领边上装饰荷叶边和嵌条等。

3. 袖

传统的衬衫袖型为一片装袖，袖山高度适中，袖身宽窄适体，袖口一般开衩，装有克夫，钉扣。女童的衬衫袖型变化更为多样，可有灯笼袖、泡泡袖等。

4. 其他细节

儿童衬衫的装饰手法众多，辑线、打褶裥、拼接、绣花等工艺都可以给衬衫增添个性和艺术感。在设计中，需根据不同年龄段儿童的生理特征、心理特征、服装用途以及风格进行装饰。

（三）衬衫设计案例（图4-4）

图4-4

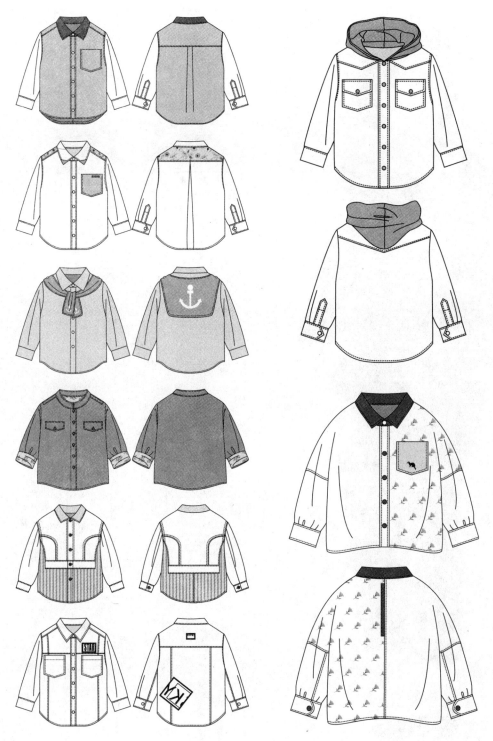

图4-4

图4-4

图4-4 衬衫

五、夹克

一般来说，夹克是一种衣长较短、胸围宽松、紧袖口、紧下摆的上衣样式，为儿童春秋季服装的主要类别之一。夹克通常选用卡其布、牛仔布、皮革等耐磨结实的面料，部分面料还有涂层，有较好的防风防雨效果；袖口、底摆通常有内含松紧带的克夫结构，或以罗纹面料进行拼接以增加收口处的弹性，在满足较好防风保暖性的同时，保证其穿脱方便。夹克穿着舒适，便于活动，是休闲风格和运动风格童装的主要品类之一。

（一）　主要款式及其特点

1. 飞行员夹克

飞行员夹克原是专门为飞行员设计的外套，其衣身多为皮革面料，翻领饰有毛皮，多口袋和带襻装饰，下摆束口。现在将具有多口袋和带襻装饰，下摆束口的短夹克都归于此类，而面料的采用也不再局限于皮革，尼龙面料也经常被设计师使用，这种风格明显的夹克可见于高年龄段儿童的服装中。

2. 棒球夹克

棒球夹克也称为棒球服、棒球衫，其衣长较短，通常领部为罗纹立领，袖口和衣身下摆以罗纹收口，多采用活动空间更大的落肩装袖和插肩袖，衣身上一般多有LOGO和图案装饰，整体风格与同风格的成人装类似，时尚且富于动感。

3. 牛仔夹克

此类夹克采用牛仔面料制成，衣身下摆一般为敞口的克夫样式，多分割线、异色辑线和金属扣装饰工艺为其主要的外观特征。

（二）　款式设计重点

1. 领

夹克的基本形态相对固定，其风格更多地体现在设计细节上。其中靠近脸部的领型是不能忽略的重点，立领、翻领和连帽领是童装夹克的主要领型，其中立领和翻领多用于春秋款中，而连帽领以及复合领的设计多用于对防风保暖性要求更高的冬季款中。

2. 分割线

分割线的运用是夹克的一个显著外观特征，它除了满足夹克基本的服用功能以外，更能通过线的位置变化、线与线的长短疏密组合，使其外观细节更加灵活和生动，在服装上表现出一定的形式美，彰显夹克的不同风格。一般来说，运动风格的夹克分割线相对较少，而休闲风格的夹克分割线相对较多，且分割线处也可辅以同色或异色的单行或双行辑线用于强调和装饰。

3. 图案

在飞行员夹克、棒球夹克和牛仔夹克的设计中，多采用文字、图案等各种标徽图形装饰，其寓意、形状、颜色、工艺方式以及装饰位置的选择，都需要从服装的整体效果予以综合考虑。

（三） 夹克设计案例（图4-5）

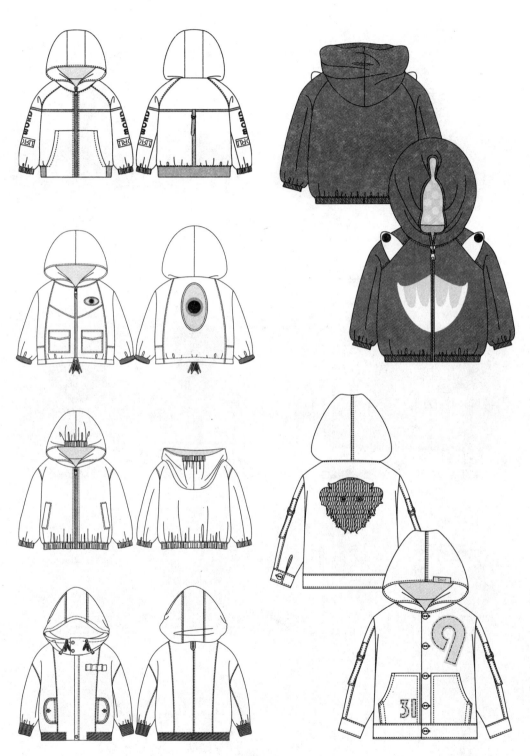

图4-5

图4-5

图4-5

图4-5　夹克

六、风衣

　　风衣又称为"风雨衣"，意为可以挡风遮雨的服装。这种起源于军事用途的服装，廓型多为X型，腰部系带，辅以双排扣、插肩袖、前后过肩设计、拿破仑领、前后防风衣片、肩襻、袖襻的细节设计。风衣是中大龄儿童服装品类中比较成人化的款式之一，适合初春、初秋穿着。相对成人风衣，儿童的风衣样式有在原有风格要素基础上进行简化和弱化的倾向。风衣按长短分，可分为短风衣、长风衣，按款式特点来说可分为束腰式风衣、直身式风衣以及连帽式风衣等。

（一）　主要款式及其特点

1. 束腰式风衣

　　是较为传统的风衣造型，该类型风衣辅以松紧带或腰带用于收紧腰部，肩部和胸部一般为披肩式双层设计，双排扣门襟居多；肩部和袖口饰以襻带以强化其风格特征。该种类型风衣和经典成人风衣的设计要素基本一致，是成人风衣经典款的缩小版。

2. 直身式风衣

　　直身式风衣为改良后的简洁风衣式样，宽松的直身廓型，搭配贴袋或挖袋，穿着舒适，适合儿童的体型特征，便于儿童活动。

3. 连帽式风衣

　　领子为帽子造型的风衣，直身或斗篷式的大身，其风格活泼轻松，有较好的防风性和保暖性。

(二) 款式设计重点

1. 廓型

在儿童服装中，风衣的廓型除了经典的X型外，主要还有H型和A型。因为儿童活泼喜动，因此在廓型设计上需充分考虑儿童着装后的活动空间，衣长设计宜以至腰臀间的短款和到大腿中段的中长款为主，长度不宜过膝。

2. 色彩

儿童风衣色彩的运用较为自由，传统的米黄、米白或低明度的大地色系，以及高纯度的红色、黄色、蓝色等都可选用。

3. 面料

风衣的传统面料具有较强的防风防雨功能，而在儿童风衣面料的选择上，可更多倾向面料的亲肤性，故可选用透气性能较好的棉质和棉涤混纺类材质。

4. 其他细节

在儿童风衣的款式设计中，既要在一定程度上保留经典成人风衣中前后防风衣片、肩襻、袖襻和腰带这些具有代表性的经典细节特征，又不能完全地原样照搬。应该在保证风衣基本的防风保暖效果的基础上，充分考虑儿童的特征，特别是在针对低中年龄段儿童的风衣设计中，需避免金属配件、带襻过多带来的安全隐患，同时进行符合儿童审美喜好的改良。

（三）风衣设计案例（图4-6）

图4-6

图4-6

图4-6 风衣

七、大衣

大衣是儿童秋冬服装中最常见的服装之一，款式丰富，多穿着于外套或毛衫之外，面料较厚，具有较好的防风性和保暖性。按长短可分为短大衣、中长大衣和长大衣；按廓型可分为H型大衣、A型大衣、O型大衣、X型大衣等；按结构，有连身式大衣和断腰式大衣。

（一）主要款式及其特点

1. 达夫大衣

达夫大衣最初为北欧渔夫所穿的实用性便装短款大衣类型，廓型为H型，木制纽扣加皮革固定的扣襻为其主要特征，通常用羊毛织物制成。由于此种类型大衣的木质配件较为坚硬，存在一定的安全隐患，故不适合低龄儿童穿着。

2. 箱式大衣

是大衣中比较经典的式样，通常指直身的H型款式，其特点为剪裁干净利落，少分割和装饰，翻领或立领造型，是各年龄段儿童皆可穿用的大衣类型，也是男童大衣的主要类型。

3. 小A式大衣

是女童的大衣式样，有连腰式和断腰式两种形式。连腰式采用曲线或直线分割衣身结构塑造上身适体，下摆放开的外观，整体廓型流畅优美；断腰式是在腰部做横向分割，可适当提高腰节线，下摆放开。小A式大衣能有效遮挡低龄段儿童腹部凸出的身体特点，起到修饰体型的作用。

4. 斗篷式大衣

斗篷式大衣为披用式的大衣，大A型服装轮廓，敞口无袖，外出穿用时起一个外衣的作用。

（二）款式设计重点

1.廓型

在廓型上男童大衣大多使用H型，女童大衣廓型有H型、A型和X型。

2.领

大衣的领型较为多样化，主要有大翻领、立领、翻驳领、戗驳领、双层假领等款式，有的休闲风格大衣也采用连帽领的款式。

3.色彩

男童大衣的色彩主要为米黄、藏青、墨绿以及各种低明度、低纯度的色彩，女童大衣色彩的选择通常更趋鲜艳和明快，可以选择中黄、粉红、大红、中绿等。此外，色彩丰富多彩的格纹也是儿童大衣面料的不错选择。

4.面料

大衣的面料对保暖性有较高要求，全毛呢料、混纺呢料是首选。质感过于粗糙以及有刺痒感的面料应尽量避免使用，以保证儿童穿着的舒适性。

5.其他细节

大衣的门襟设计可以采用单排扣或双排扣，其中单排扣的设计更趋休闲，双排扣的设计更加成人化和复古；大衣的袖子设计一般为装袖，插肩袖也有应用，在设计时需重点考虑袖窿和肘部的松量，为儿童活动和内层穿搭提供空间需要，袖口部分可辅以褶襕增加风格；贴袋、暗袋、嵌线口袋等都是大衣常用的口袋类型，不同口袋造型的选用需同时考虑实用性和装饰性，并需注意各设计细节间的关联性和整体性。

（三）　大衣设计案例（图4-7）

图4-7

图4-7

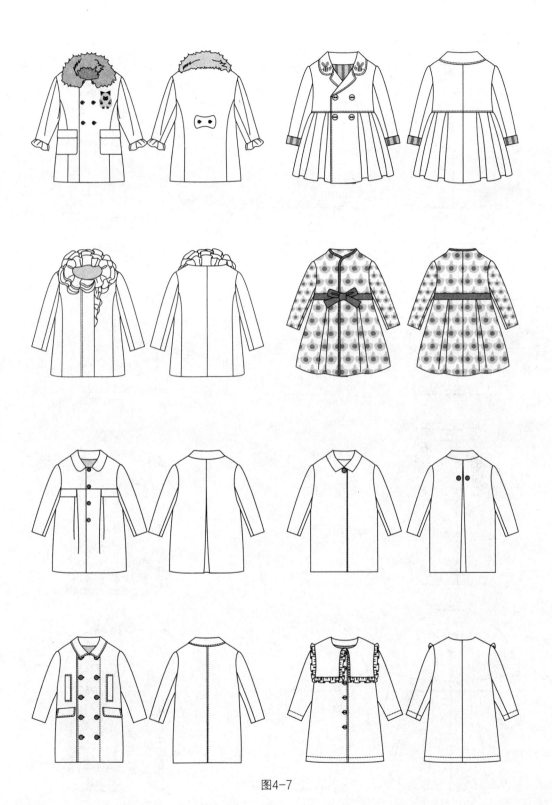

图4-7

图4-7 大衣

八、填充式外套

填充式外套即为外层衣面和内层衬里之间加入了填充物的外套款式。服装外形蓬松柔软，穿着轻便舒适，有极佳的保暖性能。根据款式不同，可分为夹克款、大衣款等；根据填充物的不同，可分为棉服、羽绒服等。

（一）主要款式及其特点

1.填充式夹克

填充式夹克具备了夹克的基本外观特点，一般来说衣身较宽松，长度比春秋款夹克略长，但下摆一般在臀围线以上，袖口和下摆通常用松紧带或罗纹面料收紧，多有口袋和布标等装饰。填充式夹克穿着舒适、保暖，同时也利于儿童活动。

2.填充式大衣

填充式大衣廓型多样化，主要为H型和X型，也有少量O型。衣长从臀围线到1/2小腿处不等，但下摆基本为敞口形式，其保暖面积大，保暖效果好，但如衣长过长、款式过于宽松或填充物过厚，会显得较为臃肿，将不利于儿童活动。

(二) 款式设计重点

1. 廓型

造型主要以H型为主,也有O型和X型。

2. 绗缝工艺

绗缝工艺有利于防止填充物移位,保证其在服装中的分布,防止棉型填充物在洗涤过程中变形,同时绗缝线迹往往也是服装表面的线性装饰,并和分割后的填充物一起形成服装表面的凸起块状图案。在设计时可根据需要构建绗缝线迹的形态,并以同色或异色线加以弱化或强化。

3. 面料

羽绒服面料应具备防绒、防风及透气性能,其中尤以防绒性至关重要。防绒性能的好坏,取决于所用面料的纱支密度。羽绒面料以尼龙塔夫绸和TC(涤棉)布为主,一般纱支密度在230T以上。

4. 其他细节

填充式外套的款式造型大都是基于夹克、大衣等外套的基本形式,其款式特点和设计重点与该种外套的基本款式相同,唯一需要额外考虑的是填充物的厚薄对功能性和外造型的影响。

（三）填充式外套设计案例（图4-8）

图4-8

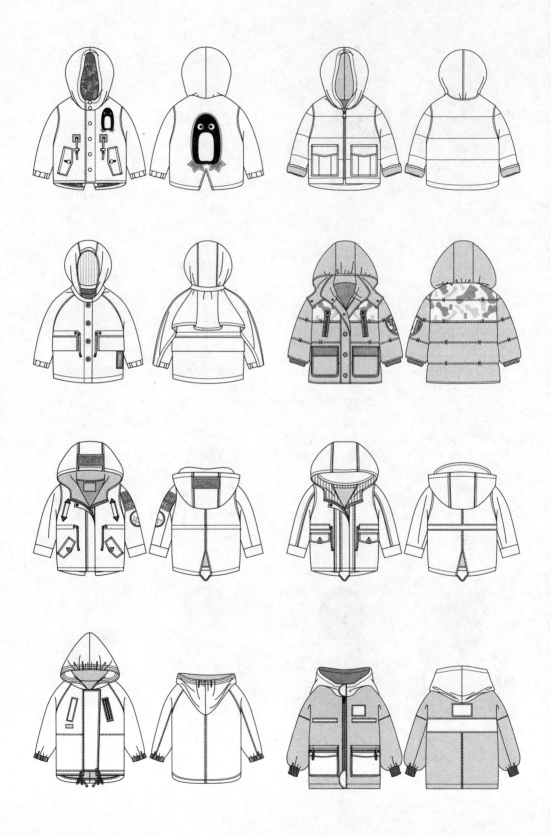

图4-8

图4-8

图4-8

图4-8 填充式外套

九、半裙

半裙，也称为腰裙、半截裙。指面料覆盖人体下半部，且不区分两腿区域的服装款式，是女童特有的服装品类。

半裙按长短有长裙、中长裙、短裙和超短裙之分；按外形分有直身裙、圆台裙、小A裙、灯笼裙等；按结构分有整片裙、两片裙、三片裙、四片裙、六片裙、八片裙等；按工艺特征分有百褶裙、对裥裙、绣花裙、蜡染裙等；按腰节高低分有高腰裙、中腰裙、低腰裙。

（一）　主要款式及其特点

1. 小A字裙

由腰部至下摆斜向逐渐展开的裙型，网球裙是有代表性的小A字裙。此类裙属于适体型斜裙，款式上部廓型与人体腰臀形态吻合，由臀围线开始，外侧缝线向外倾斜，下摆稍显宽松。裙子腰头有装腰和自带腰的变化，裙身可以是一整片也可以是几块裙片的拼接，整体风格活泼、俏皮，适合各个年龄段的女童穿着。

2. 喇叭裙

相对A型裙而言，喇叭裙的裙摆有较大的围度，并能在裙摆处形成波浪褶皱，裙上部形态可与人体腰臀线条吻合，也可根据下摆围度的大小由腰至摆顺势放大。短款的喇叭裙风格活泼，各年龄段女童都有穿着，而长款的喇叭裙飘逸浪漫，因而一般多为大年龄段的女童穿着。

3.百褶裙

是女童裙装中较为经典的裙型，裙身由重叠的褶裥构成，腰头处固定，最后熨烫定型。静态时褶裥闭合，风格端庄淑雅，活动时褶裥随之开合，节奏感十足。

4.蓬蓬裙

该类半裙用多层纱质面料层叠缝合而成，腰部一般采用松紧腰头，通过抽取大量的碎褶、内部多层面料堆叠或穿用裙撑等方式实现整体裙形蓬松、夸张且向上挺翘的外观。蓬蓬裙在女童日常生活以及一些特殊庆典、表演场合中的使用频率都较高，风格活泼、俏丽富有律动感。

5.灯笼裙

灯笼裙和蓬蓬裙在工艺手法上有相似之处，它借鉴了灯笼的造型特征，整体裙形除腰头外，裙摆也向内收拢，裙身鼓起，俏皮可爱。

（二）款式设计重点

1.廓型

女童的半裙廓型丰富多样，且不同的廓型往往彰显了不同的半裙风格，如：H型裙端庄大方，A型裙活泼俏丽，O型裙俏皮可爱。在进行半裙设计时，应根据所需风格，选择恰当的裙型突出设计主题。

2. 底摆

裙底摆的造型多种多样，赋予裙子婀娜多姿的美态。裙底摆造型主要分为平底摆和变化底摆。平底摆是较为常见的造型形式，其简洁明快，大方实用；变化底摆有多种形式，如前短后长底摆、弧形底摆、斜底摆、不规则几何形底摆等。在女童的半裙设计中，还可选择一些能引起美好联想的底摆线条，如花瓣状、波浪状等，并根据设计的风格需要添加嵌条、花边、钉珠等装饰。

3. 长度

裙长与其他款式结构一起构成了半裙的款式变化。裙长的选择，需从女童的年龄、体型、行为特征以及喜好等多方面考虑，同时兼顾穿着场合。一般来说，紧身且裙长及脚踝的裙子，不适合儿童日常着装。

4. 色彩

关于半裙的色彩设计没有特别的限制，但由于半裙处于下肢部分，所以如同时进行半身裙与上装的套装设计，需综合考虑衣裙面积的大小比例，以及采用色彩的分量感，力求协调，以获得视觉和心理的平衡。

（三）半裙设计案例（图4-9）

图4-9

图4-9 半裙

十、背带裙

背带裙是在半裙的基础上,在裙腰上加入背带的款式,是女童特有的服装品类。背带裙利用肩部的支撑作用缓和了裙腰对身体的束缚,穿着舒适,且可搭配T恤、衬衫和针织衫,风格多变。

(一) 主要款式及其特点

由于背带裙主要结构是半裙,故其主要款式及其特点同半裙。在此,仅根据肩带特征将其简单分为:细肩带背带裙、宽肩带背带裙和工字形背带裙。

(二) 款式设计重点

1.背带

背带裙的背带设计相对比较自由灵活,没有固定的设计程式,在设计时可重点从其宽窄、交叠方式以及肩带和裙腰的连接方式三个方面来进行思考,另也需充分考虑背带与半裙的颜色、材质、风格和造型的变化统一。

2. 裙

背带裙由背带和半裙组合而成,裙身部分和半裙的设计重点相同。

（三） 背带裙设计案例（图4-10）

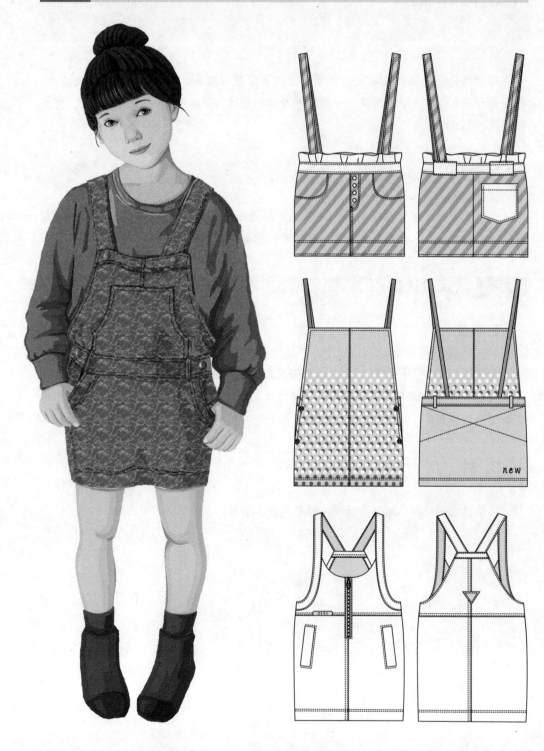

图4-10

图4-10 背带裙

十一、连身裙

连身裙也叫连衣裙，是自上而下覆盖人体，上衣和半裙相连的服装款式，是女童特有的服装品类。由于连身裙是由上下两部分组合而成。就其外廓型特点来说，主要可分为A型、H型、O型；就其长度可分为超短裙、短裙、及膝裙、长裙和曳地裙；就其腰节位置可分为高腰裙、中腰裙和低腰裙。

（一）主要款式及其特点

连身裙的款式具有半裙和上衣的综合造型特征，因而变化极其丰富，故不能以几种款式简单概括，仅以连身裙穿用季节简单进行说明。

1.夏季连身裙

夏季是连身裙主要的穿着季节，上下连接的结构使其穿起来非常凉爽舒适。款式主要有无袖连身裙和短袖连身裙两类，结构既可为连身式也可为断腰式，风格多样，是女童夏季穿用频率极高的服装品类。

2.春秋季连身裙

相对于夏季款连身裙，春秋季款的面料要厚一些，下裙结构与夏季连身裙相似，袖型多中长袖，可以作为外穿，也可用于内搭。

（二）款式设计重点

1.廓型

H型、A型、X型是较常用的女童连身裙廓型，而独具风格的O型和T型也有少量应用。

2.腰节和腰围

设计中,腰节线的高低、断腰连腰的变化、腰围的大小共同构成了不同的裙装款式,是裙装造型变化的关键部位。

其中,连身裙根据腰节线造型,可以分为连腰和断腰两种形式,而腰节线的高低位置设计直接影响到裙装造型的比例关系。连身裙的腰围放松量大小形成裙身的紧身、适体与宽松的变化。

相对而言,弱化腰节线和提高腰节线的连身裙适合年龄偏小或体型偏胖的女童,其宽松的腰部造型能修饰外凸的腹部;强化腰部线条的裙装适合高年龄段的女童,能较好地勾勒出其青春洋溢的少女体态。

3.领

连身裙的领型设计一般不受固有程式的限制,表现形式多样,在设计中需考虑女童不同年龄段的特征,以及整体造型的协调统一。

4.袖

同领一样,连身裙的袖设计一般也不受固有程式的限制,袖型设计可参照女童衬衣的袖结构和设计注意事项。

5.底摆

连身裙的裙摆设计方式与半裙相似。

（三）连身裙设计案例（图4-11）

图4-11

图4-11

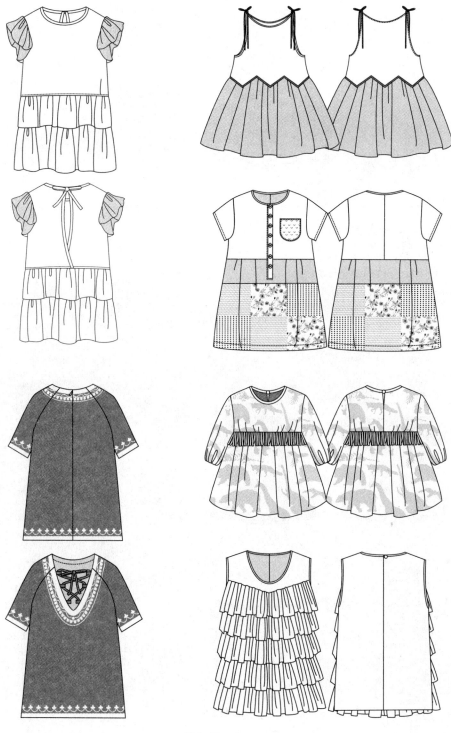

图4-11

图4-11　连身裙

十二、裤

裤装是从臀围以下分别包裹两条腿的服装类型，利于行坐跑跳，一年四季男女童均可穿用。裤装按长短分为长裤、七分裤、中裤、短裤、超短裤；按外形特征分为喇叭裤、直身裤、锥形裤、紧身裤、灯笼裤、裙裤等。春夏季的裤装面料轻薄柔软，秋冬季的裤装面料厚重密实，常见的有灯芯绒、卡其布、莱卡棉、弹力呢、牛仔布等。

（一）主要款式及其特点

1. 紧身裤

紧身裤利用面料的弹性包裹身体，该裤型能充分凸显人体腰臀腿部线条。由于紧身裤会对皮肤产生一定的束缚感和压迫感，不利于儿童的生长发育，因而这种类型的裤子一般仅在儿童舞蹈、训练等特殊场合时穿着。

2. 直筒裤

直筒裤指自立裆线以下裤腿宽度一致的裤型。直筒裤是传统的裤型，风格中性，适应面广，男女童皆可穿着。

3. 锥形裤

锥形裤指加大臀围线尺寸，然后自臀围线向下至脚口处收紧、缩小围度的裤型。锥形裤穿着舒适，风格休闲。

4. 哈伦裤

哈伦裤是指加大臀围线加长立裆长度，上宽下窄的裤型。该裤型风格时尚，个性十足，但在设计时不可只追求外观效果，而忽略立裆过长之后引发儿童运动时的安全问题。

5. 喇叭裤

喇叭裤指腰臀部适体或紧裹，自大腿根部或膝盖处由上至下加大围度呈喇叭状的裤型。

6. 裙裤

即为款式构成上具有包裹两腿的裤管特征，但由于裤管由上至下围度加量较大，所以在外观上又呈现出裙子A型外观的裤子。裙裤穿着舒适、便于活动，可表现优雅或民族风格。该裤型为女童特有的裤型，和半裙外观形态相近。

（二） 款式设计重点

1. 廓型

裤子的廓型可以修饰儿童的臀腿外观线条，也决定了裤子的整体风格，因此，在裤子廓型的选择上，需充分考虑儿童的体态特点以及服装风格。

2. 腰

裤腰形态是裤子款式设计中的重点，其高低状态也是调整立裆线上下比例的关键。腰头的造型要简洁，避免过厚影响舒适性，其中针对低年龄段儿童的设计可采用松紧带腰头或罗纹腰头以方便穿脱，针对中大童的设计可采用加入松紧带和纽扣的可调节腰头，以适应其腰部围度因为快速生长而产生的变化。

3. 裆

裆的位置高低影响穿着的舒适度以及裤子的整体风格。童裤的臀部和直裆需有一定的放松量，以满足儿童的活动和快速的生长需求。

4. 脚口

脚口的宽窄和造型也影响着裤子的外部轮廓和整体风格。除了常规的脚口设计外，还可采用卷边、毛边、绲边和嵌边的工艺方式强化其风格特征。另外，由于儿童处于快速生长的时期，在脚口处采用外翻脚口的设计，可以起到装饰效果，也可通过外翻部分脚口的宽窄变化调整裤长，以适应儿童身高的变化。

5. 口袋

口袋的设计是童裤的重点之一，贴袋、开袋、挖袋和袋中袋等口袋造型可以根据设计需要灵活运用。

（三） 裤设计案例（图4-12）

图4-12

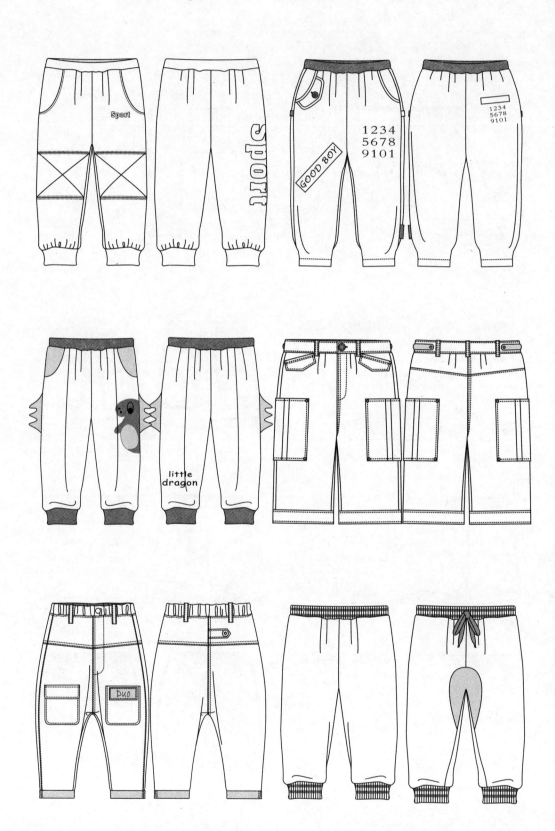

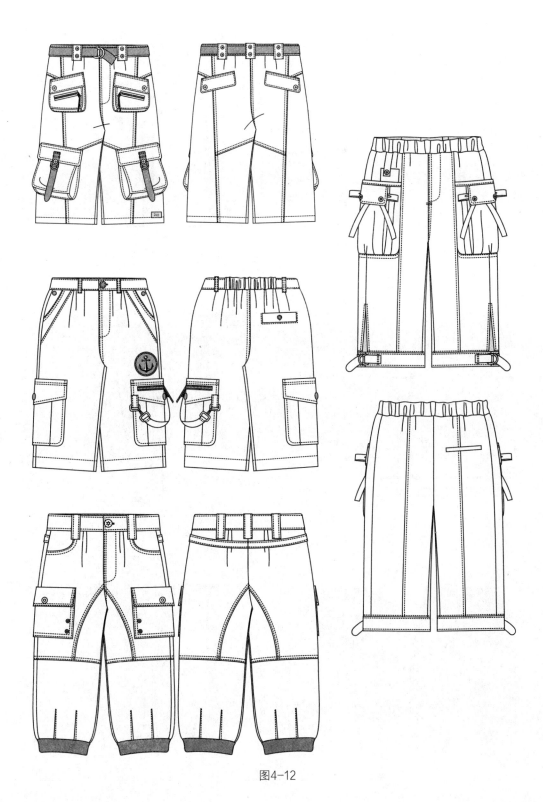

图4-12

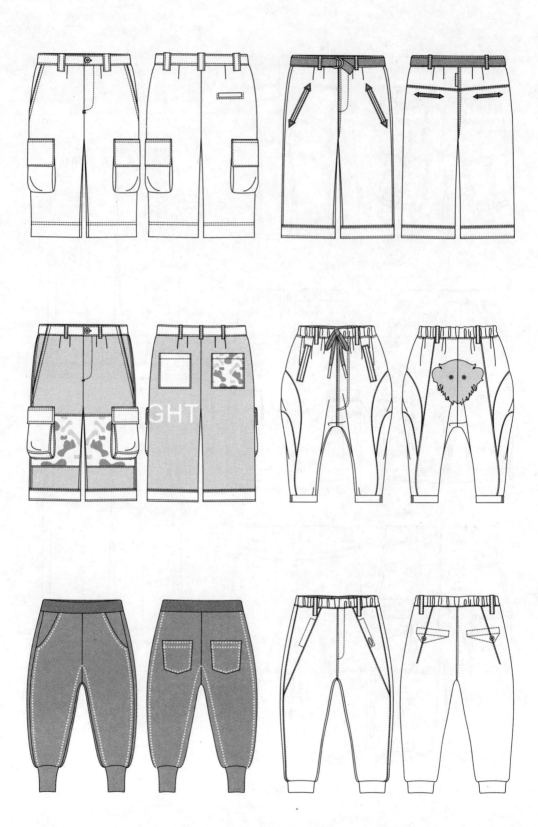

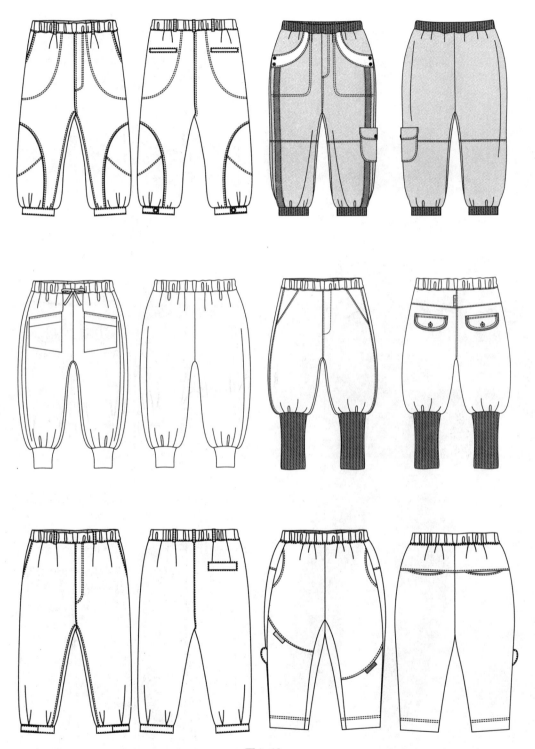

图4-12

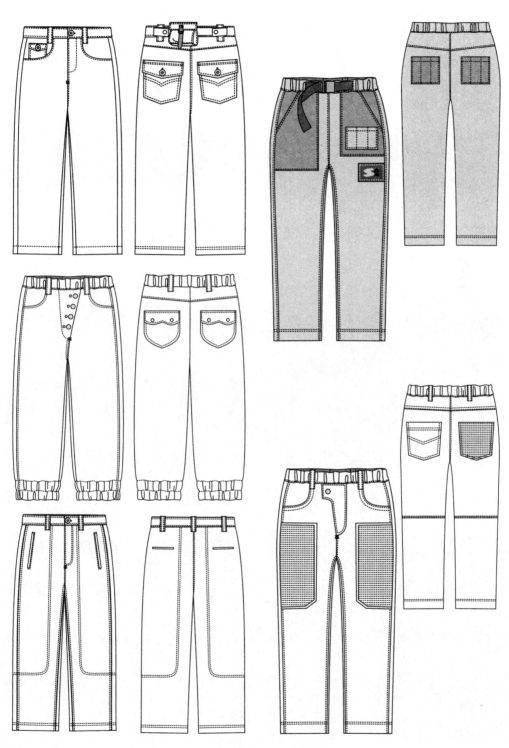

图4-12

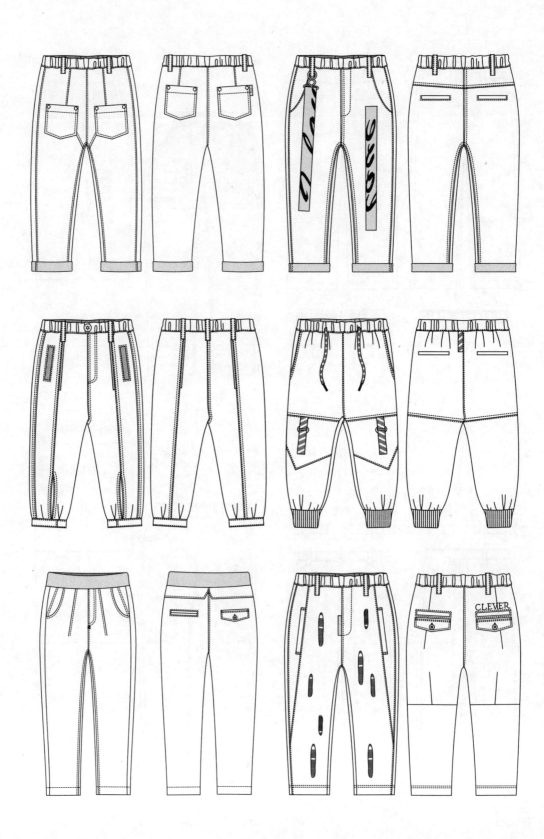

图4-12

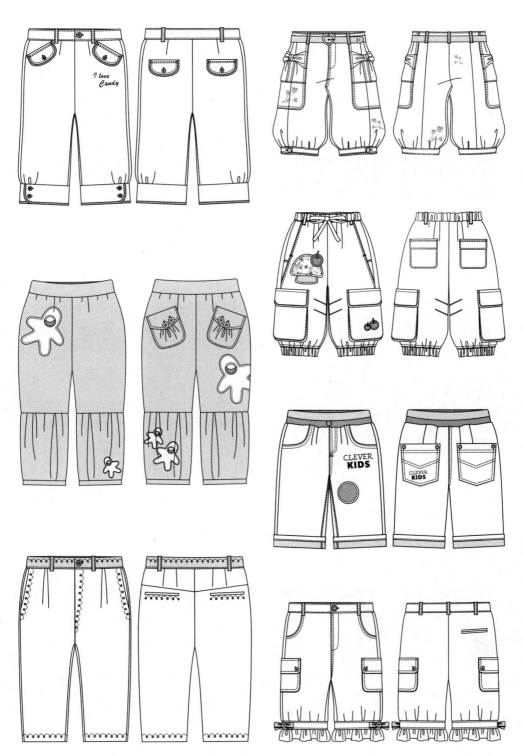

图4-12

图4-12

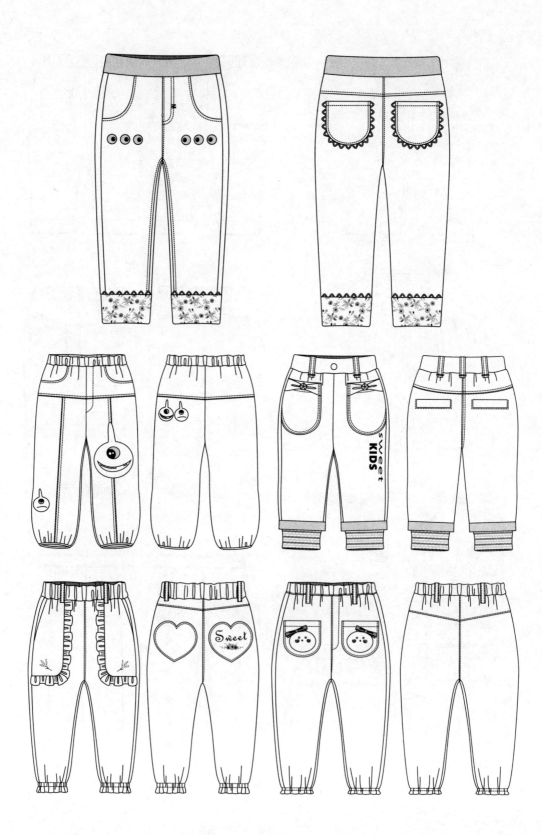

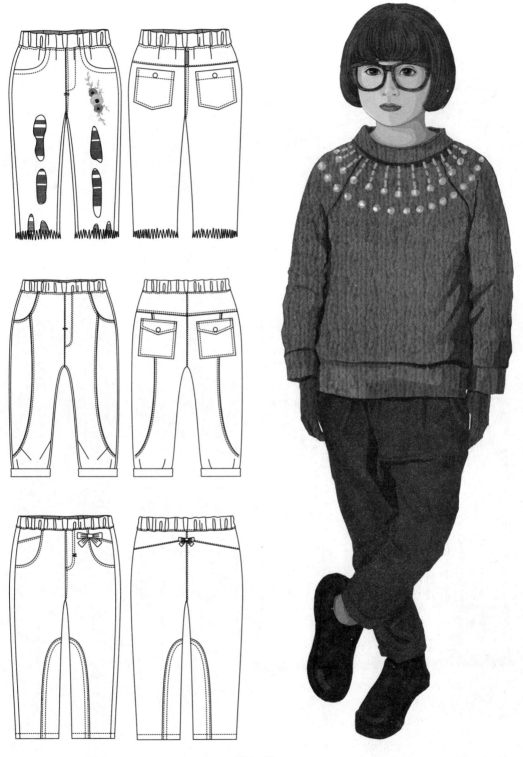

图4-12

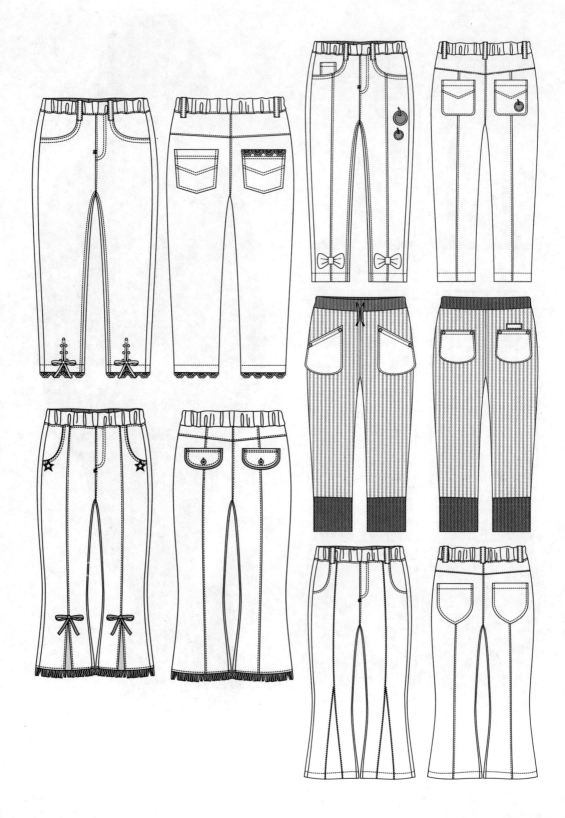

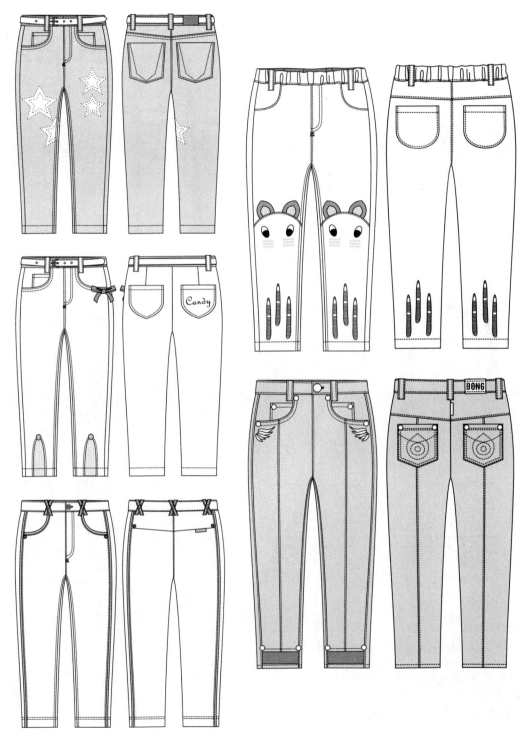

图4-12

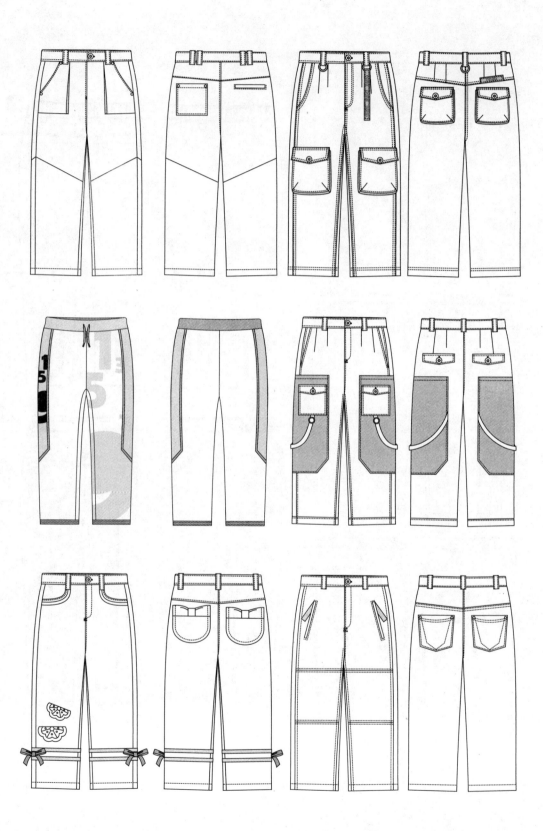

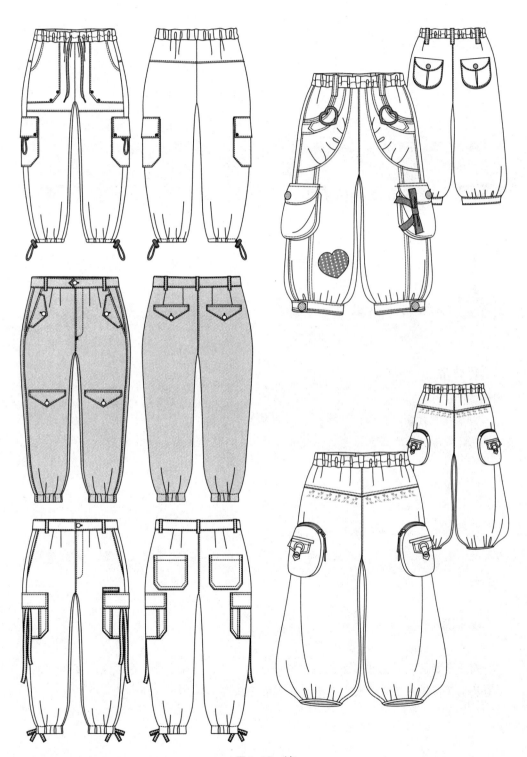

图4-12　裤

十三、背带裤

背带裤是裤子的衍生款式，核心部分为裤子，在裤腰上加入背带的式样。因其利用肩部的支撑作用而缓和了裤腰对身体的束缚，所以深受儿童喜爱。

（一） 主要款式及其特点

由于背带裤主体结构是裤子，故主要款式参照裤子的造型变化。肩带参照背带裙的肩带式样。

（二） 款式设计重点

1. 背带

背带裤的背带设计参照背带裙的肩带结构和造型，在此不再赘述。设计时还需充分考虑背带与裤子的颜色、宽窄、长短、材质、风格和造型的变化和统一。

2. 裤

背带裤由背带和裤子组合而成，设计重点同裤子。特别要注意的是，由于背带裤的肩带与裤腰相连，因而在坐或蹲的动作中，需要将其背部拉长的量下移至裆的长度上。

3. 扣襻

肩带和裤腰之间的连接方式主要有扣子和襻带，其大小和质感以及长度调节方式要与不同年龄段儿童的特点和裤子的风格相适应。

（三）背带裤设计案例（图4-13）

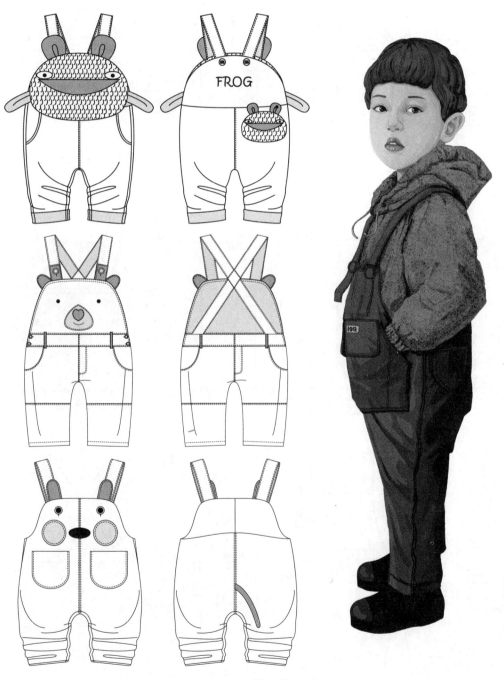

图4-13

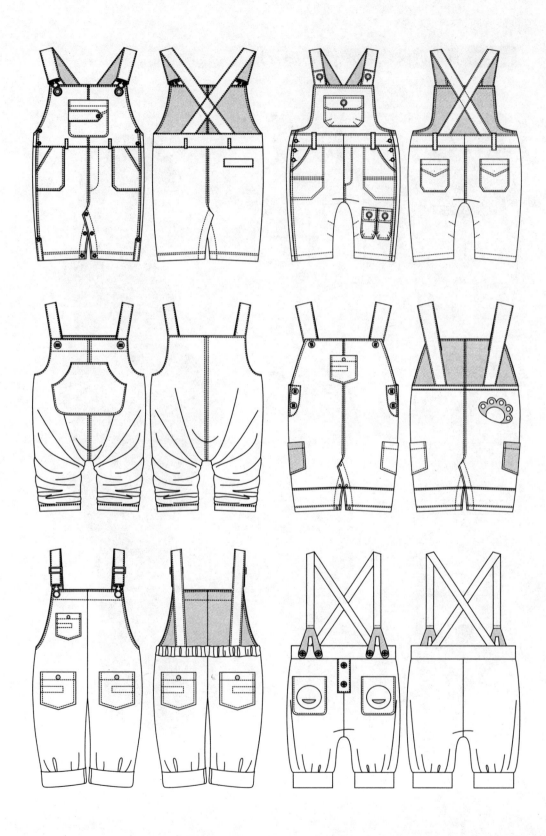

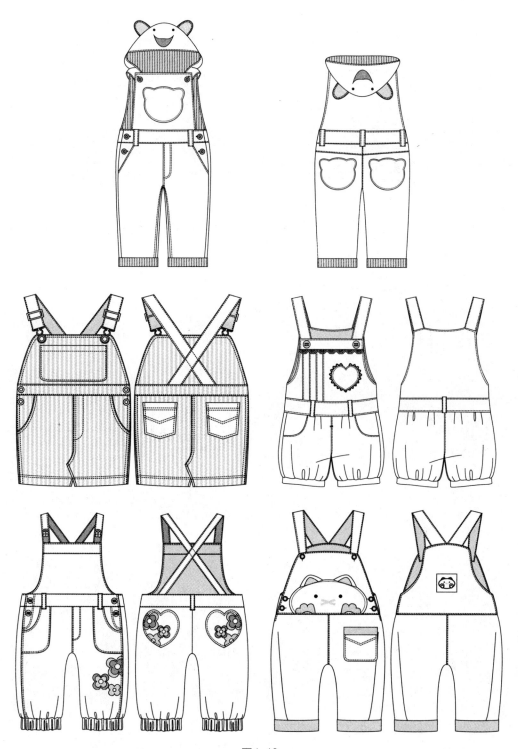

图4-13

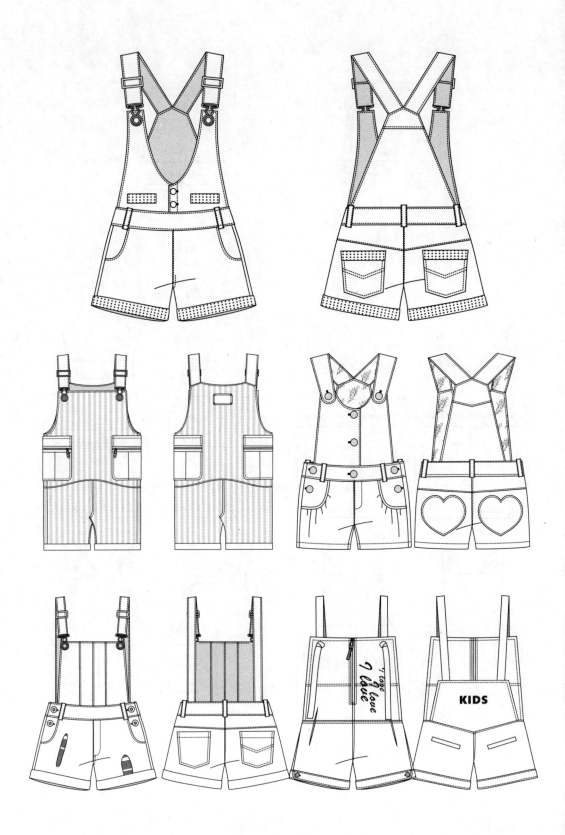

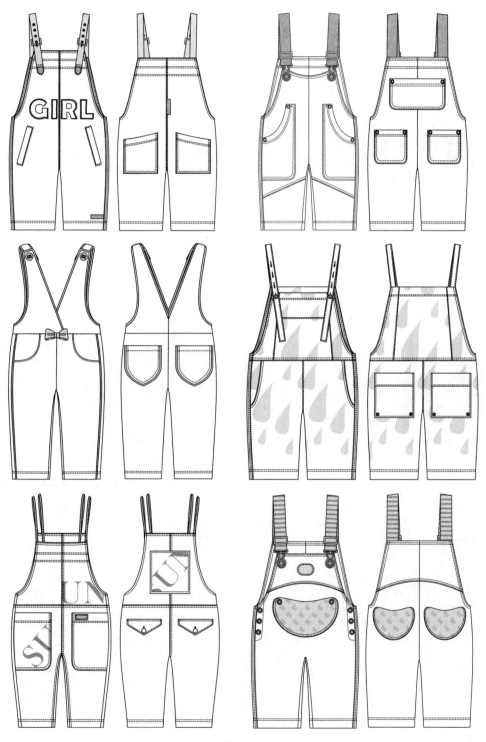

图4-13

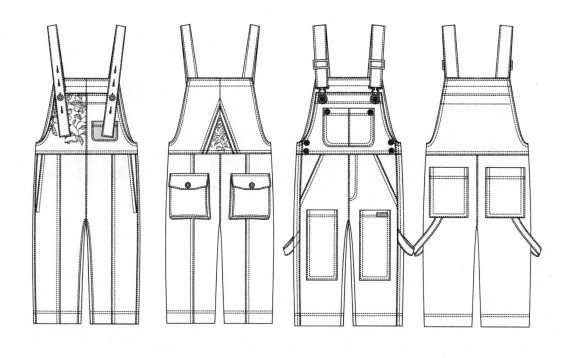

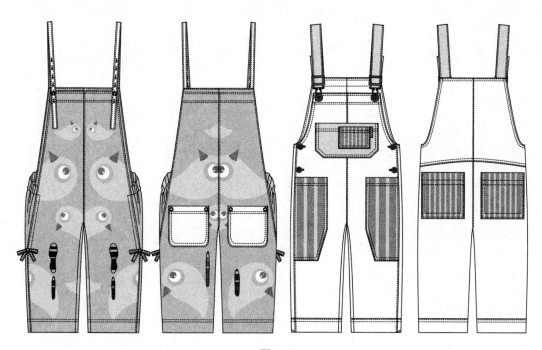

图4-13

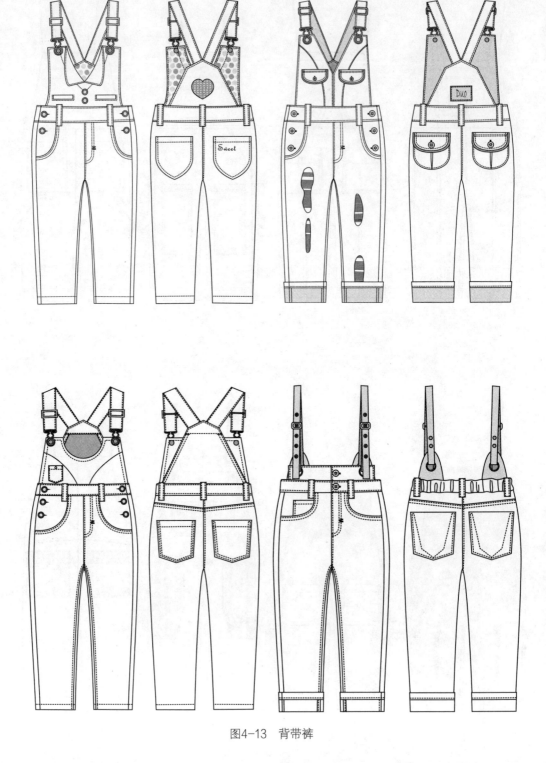

图4-13　背带裤